尤今小语

游走世界
寻访自我

［新加坡］尤今——

著

YOUZOU
SHIJIE
XUNFANGZIWO

海天出版社
·深圳·

图书在版编目（CIP）数据

游走世界寻访自我 / (新加坡) 尤今著. — 深圳：
海天出版社, 2020.4
（尤今小语）
ISBN 978-7-5507-2757-1

Ⅰ.①游… Ⅱ.①尤… Ⅲ.①游记—作品集—新加坡
—现代 Ⅳ.①I339.65

中国版本图书馆CIP数据核字(2019)第276728号

游走世界寻访自我
YOUZOU SHIJIE XUNFANG ZIWO

出 品 人 聂雄前
责 任 编 辑 胡小跃　戚乐也
责 任 校 对 张小娟
责 任 技 编 梁立新
封 面 设 计 A BOOK-Aseven

出版发行 海天出版社
地　　址 深圳市彩田南路海天综合大厦（518033）
网　　址 www.htph.com.cn
订购电话 0755-83460239（邮购、团购）
设计制作 深圳市龙瀚文化传播有限公司 0755-33133493
印　　刷 深圳市晶宇印刷有限公司
开　　本 787mm×1092mm　1/16
印　　张 9.25
字　　数 92千
版　　次 2020年4月第1版
印　　次 2020年4月第1次
定　　价 35.00元

自序

一直以来，抒写小品文，我都坚守着三大信念。

我相信文字里有巨人，我相信沙砾能变珍珠，我相信语言是魔术师。

首先，谈谈"文字里有巨人"。

意大利赫赫有名的艺术家米开朗琪罗，呱呱坠地时，母亲身子羸弱，把他送去一个村庄，由奶妈照顾。他年仅6岁时，母亲便病逝了。奶妈的丈夫，是个石匠，童年的米开朗琪罗，随着石匠进出于采石场，深深地爱上了内涵深邃的石头。他内心有着一股巨大的力量，不断地驱策他以凿子和锤子把面无表情的石头化为有七情六欲的雕塑。愈雕愈起劲，兴趣之火也愈燃愈炽烈，年纪小小的他，已立志要当雕塑家了。

1501年，26岁的米开朗琪罗耗了整整4年的时间，完成了鬼斧神工的"大卫"雕像，艺惊全球——坚不可摧的石材，展示出来的，却是人体纤毫毕现的肌肉纹理；冰冷僵硬的石质，展现出来的，却是人体张力饱满的弧度美；愣头愣脑的石头，展露出来的，却是人体那磅礴浩大的内在力量。

"大卫"雕像卓尔不群的艺术魅力，使它成了众人心中永远的"巨人"。

引人深思的是，米开朗琪罗用以雕塑"大卫"的那块大理石，形状并不理想，而且，石上还有一道裂痕，可供发挥的空间很受限制，其他艺术家都不要，也不敢用它，因此它被闲置了将近半个世纪。然而，眼光独到的米开朗琪罗却对它一见钟情，他沉稳地说道：

"别人只看到这块大理石的缺点，可我却清楚地看到它里面禁锢着一个巨人，我只不过是将这个巨人释放出来而已。"

啊，"释放巨人"！

米开朗琪罗的这一番话，无疑就是文艺创作一个可贵的启示啊！

大理石中藏着一个巨人，同样的，文字里也藏着一个巨人。把生活的种种感悟化为蕴含思想亮光的文字，牵动他人的心弦、影响他人的价值观，就是一种"释放巨人"的创作方式啊！

其次，说说"沙砾变珍珠"。

珍珠贝，多生活于海洋；海浪把细小的沙砾卷入了它的身子，它在经历了一连串痛苦的挣扎与抗衡、接受与适应后，终于将粗糙的沙砾化成了美丽的珍珠。

作家，正如珍珠贝，在吸纳了生活海洋里的点点滴滴后，细细反刍、消化，慢慢转化、提升，最后，结出了一颗一颗光可鉴人的"文字珍珠"。它们源于生活，但却不是生活的"复制品"，每一颗珍珠都有着独独属于自己的生命烙印；这样的烙印，是能够很深地拨动他人的心弦的。

最后，讲讲"语言是魔术师"。

语言是作品斑斓的底色，也是凸显作家文风的旗帜。斐然的文采，不但能使方块字变魔术似的焕发出动人的光彩，而且，还能有扭转乾坤的影响力。

话说有个农夫，带了一只鸡到热闹的集市去卖。他在鸡笼外竖立了一个牌子，上面密密麻麻地写道：

"我这个精致的笼子里有一只肥大的母鸡准备以非常便宜的价格出售。"

集市里，人潮络绎不绝，可是，老半天过去了，那只鸡却还在笼子里"孤芳自赏"。

后来，有个路过的善心人对他说道：

"你这牌子上的字，啰里啰唆的，谁有闲情止步细读呢？让我帮你重写吧！"

重写的牌子，就只有简简单单的两个字："待售。"旋踵，农夫就如愿以偿地把鸡卖掉了。

长了赘肉的文字，不但有碍观瞻，而且，影响实效。简要凝练、明快利落的文字，是深具魅力的语言。

2014年，在新加坡玲子传媒执行董事兼总编辑林得楠先生的穿针引线下，我与中国深圳海天出版社开展了美好的合作。迄今为止，海天出版社已经为我出版了四套（总共十一部）作品，包括了游记、小品文、传记。现在，又将推出两套（总共五部）作品，包括两部游记（《在羊身上写字》《高加索牧人》）、三部小品文（《游走世界寻访自我》《孩子，我们一起学习》《一日美好一日新》）。感谢海天出版社，感谢许全军副总编辑和胡小跃主任，这种圆融美好的合作关系，常常让我心怀感激。

目录

婆媳相处之道在于"宠"。不过,话说回来,被媳妇宠着的婆母,也必须"投桃报李"。

宠

年轻的朋友智美在国外修得硕士学位后,回国与相恋多年的男友结婚。男友是家中独子,她在婚后与婆母同住。有好事者预言,婆媳纠纷,迟早发生。然而,没有想到,同住已三年,不但相安无事,而且,相处愉快。

有人私下向智美探询婆媳相处之道,她只简简单单地说:

"宠——我宠她,她也宠我。"

一回,与我共喝下午茶,谈起婆媳问题,她指出,许多媳妇都对婆母抱有成见,有的认为婆母高高在上,时时无理地行使长者的权利,所以,在与婆母相处时,便刻意穿上自我保护的"盔甲",彼此之间,有着一层无可化解的隔膜;有的认为婆母时时刻刻都在寻找欺负她的机会，因此，先发制人，拿出矛和盾，威风凛凛地摆出迎战的姿势，双方剑拔弩张，家里战云密布；有的呢，却又以霸主自居，不可一世地把婆母当成佣妇来使唤。

智美冷静分析：

"婆母和其他任何人一样，也是需要别人宠的。尤其是初婚阶段，一向相依为命的儿子把注意力分散到妻子身上，身为媳妇的，更得设身处地为她着想，多宠宠她，不要让她觉得自己受冷落。比方说吧，结婚之后，我就常常刻意陪婆母上菜市，帮她挽菜篮。在菜市里，婆母简直就是一部会走动的百科全书呢，每一种菜、每一种鱼，她都能准确无误地叫出名称，还耐心地指导我辨认新鲜的蔬菜水果、鱼类和肉类，这些都是活的学问啊！每天下班之后，我也虚心向她学习烹饪，日积月累，我已学会了许多让我终生受惠的"祖传秘方"，现在，我还常常毛遂自荐地烹煮晚餐呢！有空时，我也常和她聊天，谈我的留学生涯、工作情况，她全都听得津津有味；而从她许多妙趣横生的往事忆述中，我对她儿子的习性和脾气，也有了更为深入的了解，而这，对于我们维持和谐的婚姻，有着很好的帮助。偶尔我们外出旅行时，也带她一块儿去。家和万事兴啊！老实说，婆母辛苦了一辈子，老来被儿媳宠宠，也是天经地义的嘛！"

是的是的，婆媳相处之道在于"宠"。不过，话说回来，被媳妇宠着的婆母，也必须"投桃报李"。

唯有彼此宠来宠去，这个"宠"字诀才能终身有效！

小·启示

　　自古以来，婆媳不和的问题便好像榕树的根，难以拔除。明理的婆婆，应该学会放手，不要老是把儿子当作是自己的"私有财产"。睿智的媳妇呢，应该学会尊重，在宠丈夫的同时，也爱屋及乌。如此互敬互宠，才能化戾气为祥和。

成年了的女儿事业有成，然而，在母
亲眼中，依然是个需要照顾的小女孩。

饭团

　　我和小姑，感情很好，平时分别居住在新加坡和吉隆坡，
很少晤面。只有当农历新年来临时，我们才有机会在怡保婆家
团聚。

　　有一回聊天时，我们发现彼此都不爱做家务，各自把责任推
到母亲身上去，都说母亲不曾好好加以训练。

　　正谈得高兴，冷不防婆母指着小姑，插口说道：

　　"你还敢讲我不教你！七个孩子当中，你最懒。别的孩子，
看到我忙不过来时，都会主动帮忙，可你呢，推一下，走一步；
不推时，便索性躺下来。"

　　众人放声大笑，唯我不敢笑得太大声，因为"五十步"是没
有资格"笑百步"的。

这时，有人问婆母："为什么你不强逼她做呀？"

目不识丁但说起话来却满口道理的婆母，慢条斯理地说道：

"花朵必须要成熟后自然绽放，才能闻到那股袭人的味，如果我硬生生地把蓓蕾掰开，不但闻不到香味，恐怕连花瓣都会脱落呢！"

在笑声里，婆母又幽了小姑一默：

"我等她成长，等她自行培养自律的精神来帮我做家务，等来等去，她成长了，书也读得不错，可家务硬是不肯帮我做。"

我们在怡保待了好几天，临别那日，我看到婆母在做饭团。饭团是琼州人的传统食品，把煮好的饭搓成一个个大若巴掌的球状物，饭团中央可以随心所欲地放入自己喜欢的馅料。小姑喜欢肉丝，婆母就给她做了好几个以肉丝为馅的大饭团。

小姑是吉隆坡一家财务公司的会计主任，天天大宴小酌，可婆母却担心她深夜里肚子饿了，不会做宵夜，所以，刻意给她做饭团带回去。

成年了的女儿事业有成，然而，在母亲眼中，依然是个需要照顾的小女孩，母亲细腻的爱心令人感动。不过呢，话说回来，小姑不会做家务，我想，婆母必须负起全部的责任。

母亲一方面埋怨女儿不肯做家务，另一方面却又甘之如饴地包办一切家务；而这，就是浩瀚如海的母爱了；母爱里面，有包容，也有纵容。

她的身旁，有一个厚实宽阔的胸膛，让她稳稳地靠着、幸福地靠着，那是一个祸福与共的胸膛……

胸膛

邂逅她时，她正努力地适应移居生涯。

当她提起初临新加坡的情景时，娇柔的声音里，满满的都是眼泪：

"我独自一人，提着沉甸甸的箱子，站在机场，等待朋友来接。我不知前方到底是怎么样的一条路；我更不知道，道路的尽头，有着怎么样的一个世界。尽管我的心情是惶惑不定、惊惧不安的，可是，我还得硬生生地压抑着这种负面情绪，竭力不让它吞噬我、影响我。"

这个勇闯异乡的女子，很快便适应了异国的生活；一直不能适应的，是异地的寂寞。

"每逢过年过节，家家户户热热闹闹地庆祝时，我却孤家寡人地面对四壁，静静聆听室内可怕的静，那种静，是有回音的，能把人的耳膜震破。"

过了一段这样的日子后，她出人意料地在俱乐部的健身室里堕入了情网。顽皮的丘比特，用爱之箭把两位语言不通而心曲相通的人串连起来。她的他，是瑞士籍的洋人。她不懂"ABC"，而他呢，不会"一二三"。

炽热的恋情，使她生出了排除万难的决心。她到英国文化协会报名，短短半年"悬梁刺股"的苦读，使原本徘徊于英语大门外的她，得以"登堂入室"，把英语说得像水般流畅。

再过不久，我接到了一张印刷精美的结婚请柬，打开一看，欣喜地发现，她已将"浪漫的恋曲"谱成了"结婚进行曲"了！

在婚宴上，她和丈夫翩翩起舞，她靠在他厚实宽阔的胸膛上，笑得宛若一朵盛开的向日葵，满脸都晃动着灿烂的阳光。

婚宴过后，她随同丈夫到瑞士定居。

她提着的行李箱，依然是三年前初到新加坡来的那一个，而展现在她面前的道路和世界，也同样是全新的、未可知的；然而，此刻，她心无惶恐，更无惊惧，因为啊，她的身旁，有一个厚实宽阔的胸膛，让她稳稳地靠着、幸福地靠着，那是一个祸福与共的胸膛……

小·启示

　　形单影只地到异国闯天下的人，心灵是脆弱而空虚的；然而，有了感情的依靠，纵然前方有地雷埋伏着，也无忧无惧了。

那些年轻的日子，想起来，就像是上辈子的事。

重逢

我是到市区办事时碰上她的。

她喊我，我在毒花花的阳光底下驻足，有好一会儿，竟认不出她。她报上名字，我才恍然，啊，是我多年不见的同龄邻居呢！

与她稔熟时，她正在谈恋爱，和那个绰号"帅哥"的男朋友打得火热，进进出出都扭成一条麻花糖。后来，我搬走了，距离远，很自然地，便疏远了。

当年的她，非常标致，留一头漆黑发亮的长发，杏形脸，两颗灵活的眼珠看人时老像在说话。现在，胖了，除了原来的下巴以外，还"好事成双"地多长了一个，把圆圆大大的眸子挤得细细长长的。这张面积膨胀了的、饱含笑意的脸，透着丰衣足食、事事如意的快乐和满足。

我们站在一所音乐学院外，叙旧话新。

她说她有四个孩子，两男两女，凑成了两个"好"字。问她孩子像爸爸还是像妈妈，她笑："一半一半啦！"她说她婚后便把工作辞了，当个全职的家庭主妇。我说："嗳，你的帅哥把你照顾得真好呀！记得吗，当年你考试时，他买了鸡精、饼干、巧克力，骑着电单车来你家伴读，羡煞我们了。"她的眼睛，流出了淡淡的笑意，应道："那么久的事，你还记得，记性真好。"我起劲地说："他天天上你家来报到，有一回，闪电打雷，以为他不来，可是，他还是在隆隆的雷声里来了。你冲出去接他，匆忙中忘记打伞，两个人在雨中拥抱；事后，两人都患上了大感冒，你还叫我代你请假呢！"她听着听着，笑意都流到脸上去了："哎呀，那些年轻的日子，想起来，就像是上辈子的事。"我意犹未尽，继续说道："还有，我记得他常常买衣服给你，每次穿了新衣，你便到我那儿打个转，问我美不美。"她脸上的笑意，又流进了声音里，凑合着说："唔，有一次，他买了一件荷叶领窄腰身的大圆裙给我，我嫌太红，不肯穿，他还发了脾气呢！"

这时，音乐学院出来了一个小男孩，兴高采烈地喊："妈妈、妈妈！"方头大耳，两片嘴唇厚厚的，样子很老实、很憨厚，可是，不俊俏。

她让他喊我阿姨，他喊了，然后，她牵着他的手，看着我，脸上还残留着刚才的笑意，说："他长得很像他爸爸。"顿了顿，又说，"他爸爸，你并不认识。"

小·启示

　　最初的恋情，不是最后的归宿。不管情海生波的原因何在，分手之后，不怨不恨，给予对方最深的祝福，然后，忘掉前尘旧事，另外寻觅属于自己的幸福——这是处理感情一种成熟的方式。

生活有盼头便有快乐、有憧憬便有幸福。

仙人掌和“咚咚人”

贫穷，就像是烈阳下的影子，清晰而鲜明地盘踞在我童年的记忆里。

那时，父亲在怡保办一份曲高和寡的报纸《迅报》，我们一家子就住在一所简陋的木屋内。

家徒四壁，然而，看似苍白的日子，却闪着璀璨的亮光。

为日子镀上金光的，是爱。

鲍鱼和龙虾是生活里的“绝缘体”，可我们却有着比这更丰盛的东西，那就是书籍和书籍。一摞摞的书，在屋子里的每一个角落层层叠叠地堆着，就连空气，都飘浮着一个个活泼的方块字。

父亲看书时，手中总握着笔，写眉批，红色的蝇头小字，像一只只小蚂蚁，在书页里安静地爬行着。母亲看书时，全神贯注，整个人凝成了一尊美丽的石像。在万籁俱寂时，书页轻轻翻动的声音，便是让人心魂俱醉的音乐。

喜欢看书的父母，也喜欢谈书；在喁喁细谈时，两个人的语调，轻柔得好似掠水的蜻蜓，仿佛是担心声音大了、语调重了，会使文字受到惊吓，一只只从书页中飞走。

成长后，回想这一段岁月，烙印在脑海里的，不是贫穷、不是饥饿，而是父母亲以双眸咀嚼文字时，眉宇间仿佛用细针绣上去的朵朵笑花。他们宛若长在贫瘠沙漠里的仙人掌，在烈日的烧炙下、在风暴的侵袭下，毅然挺立，自得其乐地结出一球一球五彩缤纷的果实。

他们是不折不扣的"贫穷的富翁"。

木屋外面，躺着一条邋邋遢遢的河，每逢刮风下雨，那河便哭，黑色的眼泪肆无忌惮地泛滥处处，腐臭的气息嚣张地氤氲屋内。

就在母亲忙忙碌碌地以扫帚清除那源源不绝地涌进屋子里的河水时，不识愁滋味的姐姐，总会兴致勃勃地带着我和弟弟到河边玩耍。

河已停止哭泣，但是，水位涨得很高。姐姐教我们折纸船，叫我们许愿，然后，把"沉甸甸"地盛载着无数愿望的纸船放在河面上，说："纸船会帮你们把愿望送出去。"我傻乎乎地问："送去哪里？"姐姐极有威严地说："别问！问了就不灵验了。"她的脸色庄严得像爸爸桌子上的那部高深莫测的大词典，我当然也就不敢再追问了。五岁的孩子，到底许了什么愿望，早已不复记忆了，然而，让放满了愿望的纸船摇摇晃晃地在河上漂流的那份雀跃和期待，我却是清楚记得的。

不下雨时，姐姐便领着我和弟弟在屋后的树丛寻找一个"子虚乌有"的"咚咚人"。她神秘兮兮地说："'咚咚人'是无所不能的，只要找到他，他就可以满足你们任何的要求！"我心想，这神奇的"咚咚人"，不就像阿拉丁神灯里那个"要啥给啥"的巨人吗？我和弟弟就像两只失蜜的蜂一样，在树与树之间的泥径上跑来跑去，拼命地找，找呀找的，找到天荒地老，"咚咚人"始终杳无影踪。奇怪的是，虽然屡寻不果，却依然乐此不疲。

成长后，我问姐姐："你当时怎么会无中生有地弄出个'咚咚人'来把我们骗得团团转的呀？"姐姐微笑着说："哪有骗你们！只要你们相信有，便有。"听懂了姐姐话里蕴藏的"玄机"，我豁然微笑。

在那捉襟见肘的贫困岁月里，姐姐处心积虑地在我们心田种下了一株"希望之树"，我们很努力地浇水施肥，虽然那株树始终结不出果子，但是，姐姐却教会了我们，生活有盼头便有快乐，有憧憬便有幸福。

小·启示

　　家徒四壁的贫穷，一无所有的困窘，都不曾在作者的童年生活里投下任何阴影；书籍丰富了她的精神生活，而追寻梦想的憧憬又给了她生活的盼头。

这两个人，在年过七旬的金色年华中，共同畅饮岁月酿成的那一坛美酒。

岁月的美酒

这家面向大西洋的露天餐馆，坐落于南非开普敦。

妩媚的紫薇花，在啁啾的鸟声里，着了魔似的，放任而浪漫地开满一树，海风一吹，浸在春意里的花，便大梦初醒地徐徐掉落，纷纷扬扬，好似淡紫色的雪。

树下，有木桌、木凳。

长长的木凳上，一男一女亲亲热热地挨着坐，两个人都长得胖胖圆圆的。

男的，头发老得很彻底，银亮的光辉优雅地闪烁着；女的呢，三千烦恼丝处在"将老未老"的状况中，灰色和褐色尴尬地共处。

侍者捧来了大杯的啤酒和餐馆的招牌名菜——蒜泥大虾。

盘里的虾，有很肥硕的，也有营养不良的。二老看了看，拿起了叉子，不约而同地将肥大的虾挑起来，递给对方。两支叉子，中途相遇、相撞，二老相视而笑，多少柔情，尽在不言中。

春天明媚的阳光，像刚刚被洗涤过，清新亮丽，把大地万物照得熠熠生辉；泛着泡沫的啤酒，像熔化了的旭阳，在玻璃杯里闪出令人难以逼视的金色亮光。

二老一面慢条斯理地吃，一面絮絮地交谈。

每当女的开口说话时，男的便以含笑的眸子看她，专注而温柔。女的说得起劲，男的听得用心，此时有声胜无声。轮到男的开口，他言谈幽默，每每说不了几句，女的便会发出很响亮的笑声，呵呵呵、呵呵呵，笑声落进海风里，海风便裹着它，把它送到更远的地方去。

这时，太阳耀目的亮光和啤酒绚烂的金光不分彼此地交缠在一起，罩在两张皱纹横生的脸上，看起来就好像是蜘蛛以一缕缕的金丝银线细心织成的两张富贵的网。

这两个人，在年过七旬的金色年华中，共同畅饮岁月酿成的那一坛美酒。生活里共有的甜蜜与沧桑，生命中曾有的成功与失败，全都成了无关痛痒的过眼云烟；此刻，他们在意的，仅仅是利用炽热爱情转化而成的这一份温情，努力把暮年那一盏渐趋黯淡的灯点得更璀璨，更明亮。

　　年轻的爱情像海，汹涌澎湃，炽热狂烈；暮年的爱情像井，波澜不起，安恬自在。

有孝思的儿女，应该积极鼓励丧偶的长辈走出黑暗的幽谷，重新寻觅人生的桃源。

婚姻如筷子

最近，到吉隆坡去，出席了一场别具意义的婚宴。

新郎符佐治年过五旬而新娘何玛丽刚届不惑之龄。

佐治是鳏夫，三年前退下工作岗位，正想偕同老伴遨游世界时，妻子却被一场突如其来的急症夺走了性命。佐治原本缤纷的生活猝不及防地被泼上了黑黑的墨汁，整个人犹如一棵失水的植物，以"迅雷不及掩耳"的速度老去了。

当时，23岁的长女珍妮在杂志社当记者，没夜没日地忙；次子约翰还在求学，寄居宿舍。

心智成熟的珍妮，见父亲活得萎蔫萎蔫的，决定为他做媒，让他重拾人生乐趣。她依据父亲的"品味"，谨慎地物色人选。

寻寻觅觅，终于，找到了。这个摽梅已过而待字闺中的女子何玛丽，是杂志社的美术设计员，性子温婉贤淑。

女儿的积极撮合，加上何玛丽的体贴入微，终于在佐治宛如枯井般的心田里注入了甘洌的生命泉水，他活了过来。

婚宴全由孩子筹备操办，每个宾客都获赠一双镶嵌着彩色贝母的筷子，附着的卡片，以龙飞凤舞的书法写着一句耐人咀嚼的话：

"婚姻如筷子。"

寥寥五个字，却透着庄重而又旖旎、含蓄而又浪漫的气息。

珍妮上台致词，她情真意切地说道：

"我今年26岁，爸爸爱我足足爱了26年。我知道，不论我活上多少年，爸爸还是会一如既往地爱着我。爸爸今年58岁，可是，到现在为止，我却只爱了他26年，足足欠了他32年的感情债。我算来算去，这笔债，穷我这一辈子都清还不了。现在，我终于想到了一个两全其美的办法……"

她的致词，生动有趣，全场宾客，屏息聆听。

一对新人，脸上泛着深深浅浅的笑意。

珍妮继续说道：

"我找到了一位好阿姨，我和她，一起来爱我的爸爸；我把爸爸给我的爱，双倍地还给他了。这位阿姨，我现在称她为妈妈！"说着，向一对新人送了一个响亮的飞吻，"爸爸妈妈，我爱你们！"

在雷动的掌声中，新人眸子晃动着薄薄的泪光。

俗语说："满床儿女不及半床夫。"孩子的爱，不论多深，都难以填补父亲或母亲中年丧偶的空虚。再说，孩子有自己的世界，那个世界，许多时候，是年迈的父母走不进去的。所以嘛，有孝思的儿女，应该积极鼓励丧偶的长辈走出黑暗的幽谷，重新寻觅人生的桃源。

小·启示

配偶逝世，其中一方再娶或再嫁，有时会引起孩子激烈的反对，使父亲或母亲落入尴尬的夹缝中。文中为父亲物色对象的女子，让我们清楚地看到了另一种形式的孝道。

被她以爱意照顾而茁壮成长的树，开出绚烂的花朵、结出丰美的果子，尽心尽意地报答她。

木瓜树

婆母在宽敞的后院里，种了九棵木瓜树，图个"天地万物长长久久"的吉祥意味。

这九棵木瓜树，"祖先"不同、"血统"不同，结出的果实，不论形状或味道，都大相径庭。

那天，闲来无事，随着婆母到院子里，听她说说栽种木瓜的故事。

指着一棵树干瘦瘦高高而神态倨傲的，她表示，这是木瓜树里的精品，每次结出的果实，不多不少，只有四个。最奇妙的是，每个果实，仅仅大若巴掌，甜入心坎且不说，那股芳馥的香气，让你吃它一次，记它一世。

另一棵木瓜树，长相十分奇特，它匍匐在地，蹲下，拨开叶子一看，哇哇哇，累累的果实，沉甸甸地挂满于树心处。婆母指出：这是结实最多的一棵，可是，前几个月，一场狂风暴雨过后，树倒、枝断，幸运的是，根部完好无损，在主干断裂处，又长新芽，继而开花，再而结果。一方面显示了它与恶劣环境抗衡到底的顽强性子，另一方面，也体现了它"鞠躬尽瘁，死而后已"的专业精神。

还有一棵，长得端端正正、扎扎实实的。婆母微笑着说："这是最乖的一棵，按时开花，按时结果；果实不十分甜，可是，酸得很开胃。"

靠近篱笆的那一棵，最爱招惹虫蚁鸟类。它生长力旺盛，果实好似才冒出来不久，便转成了灿烂的金黄色，还来不及摘它，鸟儿便把它啄得一塌糊涂。它"肝脑涂地"的结果，又引来了一群令人生气的蚂蚁。对着这棵发育良好的木瓜树，婆母有着一种"我家有女初长成"的甜蜜忧虑。

婆母种木瓜树，自有秘诀。她把木瓜籽埋在盛着黑泥的小盆内，放置在阴凉的地方。等木瓜籽破土而出，长出大约半尺来高的翠绿细茎时，便在夜晚时分把它移植到泥地里。木瓜树在温柔的月光下，经过一整夜微风的轻拂与露水的滋润，早已有了适应环境的能力了。次日，旭日初升时，木瓜树已经可以很好地保护自我了。如果在白天阳光暴烈时移植，脆弱的嫩叶，被阳光猛然一烤，可能便会恹恹地枯萎了。此外，婆母认为木瓜树性子清淡，不爱过多和过浓的肥料，每隔一两天，浇浇洗米水，是上上之策。倘若强行施肥，只会带来"揠苗助长"的反效果。

婆母年轻时，为抚育孩子而忙；年纪大了以后，又为照顾孙子忙碌。现在，年过八旬，孩子渐老、孙子成人，她肩上的担子，已全卸下了。为了打发闲暇，她种果树，栽鲜花。不论她做什么，都是全力以赴的。对人、对事、对物，她都贯注了十二分的爱心；所以，被她以爱心抚育长大的儿孙，个个努力读书、人人努力工作，全心全意地孝敬她；被她以爱意照顾而茁壮成长的树，开出绚烂的花朵，结出丰美的果子，尽心尽意地报答她。

小·启示

"种瓜得瓜，种豆得豆。"瓜和豆，是否肥硕甜美，取决于耕种者是否尽心尽力地照顾它们。"一分耕耘，一分收获"，是放诸四海而皆准的道理。

婚姻的桥梁，是要夫妻俩同心协力共同建造的。

贫而不哀

这是一对以送报为谋生方式的印籍夫妇。

此刻，在早晨温润明亮的阳光里，他们双双坐在电单车上。

男的粗壮结实，平平稳稳地骑着电单车。女的坐在后面，腿上放了一大叠捆好待送的报纸。她一手压在报纸上，另一只手环抱着她丈夫的腰。头发松松地挽成一个髻，头颅轻轻地靠在丈夫的肩背上。厚实的肩背，像一扇铜铸的门扉。

马路上，熙来攘往的全是行速不慢的汽车，可是，这辆负荷不轻的电单车，依然稳健地在车道上成直线地行驶着。偶尔男人会侧侧头，温柔地瞄瞄后座的妻子。

他妻子穿着传统的印度服装，露出的一截肚子，黑得发亮。柔若无物的肩带，草绿色的，在晨风里轻轻地飘飞。远远看去，像天边一道绿色的虹。

这是一幅浪漫与现实圆融地结合的绝佳图景。

我驾车跟在后头，看到这极平凡而又极动人的一幕，心弦大大地被牵动了。

世人皆说："贫贱夫妻百事哀"，但是，在这一刻，这话却脆弱得不堪一击。

夫妻贫而哀，是因为彼此把对方看成是"大难来时各自飞"的同林鸟，有福绝对同享，有难绝不分担。一贫便怨，怨尤一起，嫌隙便生。

婚姻的桥梁，是要夫妻俩同心协力共同建造的。

倘若婚姻里有坚定不渝的情爱，有同甘共苦的信念，那么，他们用双手建成的，绝对不是腐朽易裂的木桥，而是五彩缤纷的鹊桥！

小·启示

　　世人在诠释"幸福"的定义时，惯于将"贫穷"与"哀伤"画上一个等号。然而，只要我们用心眼去体会，便会发现，为"快乐"鬃上釉彩的，是爱，和贫富无关。

那种热切的期盼、那种全心地信赖，

是人与鱼在精神上一种极其美丽的沟通。

锦鲤

饲养锦鲤，得从撰写中篇小说《跌碎的彩虹》谈起。

小说中，有一个章节谈及锦鲤，为了加强描写的真实性，我到处搜寻有关锦鲤的资料，从浩如烟海的书籍中了解了锦鲤的习性之后，我意犹未尽，再到多家锦鲤专卖店去，除了实地观察动态的锦鲤，我也和经验丰富的店主攀谈，从中印证书籍的资料；觉得胸有成竹了，才动笔去写。

小说完成之后，我也对锦鲤萌生了爱意，我请人在自家庭院里挖了一个小小的池塘，满心欢喜地养了几十尾锦鲤。有了原先的知识为基础，养起来便得心应手了。

锦鲤们的前世，也许是后宫的三千粉黛。它们高贵优雅、婀娜多姿。让人惊艳的，是它们斑斓的色泽，黑、白、金、银、黄、红、褐，还有多色掺杂的。当它们在池里游动时，宛若天上的彩虹断成一截截掉落下来，满池缤纷哪！

锦鲤通谙人性，喂饲时间一到，我往池边一站，锦鲤看到倒映在水中的影子，便会不约而同地浮上水面。那种热切的期盼、那种全心的信赖，是人与鱼在精神上一种极其美丽的沟通。

最近，好友阿丹悲怆地说了她家锦鲤"魂归离恨天"的悲惨遭遇。新聘的女佣，来自菲律宾乡下。她替鱼池换水，拔去塞子后，水慢慢地流着，她不耐久等，走开去做其他家务，忙着忙着，竟把这事忘得一干二净。猛然想起时，九条锦鲤已死在滴水全无的鱼池里了。阿丹痛彻心扉，可是，肇祸的女佣居然还蠢蠢地问："夫人，这些锦鲤，要不要煮来吃？"阿丹吼她："我足足养了它们八年哪，每一寸鱼肉都有我们一家人的感情，怎能吃得下？你说，你说！"将那九条锦鲤葬在花园里，她对我说："让它们化成肥料，滋养我的果树。果树结出果子，它们就藏在果子中，也算是以另一种方式复活了。"有时，在阿丹送给我的木瓜里，我竟看到了鱼形的果瓤。

另一位朋友阿湘，有一条养了20余年的锦鲤，最近也遭逢噩运。在一个月色宁静的夜晚，它错把假山看成"龙门"，飞跃而出，跌死池畔。这锦鲤，曾有人出价两万元，她死活不肯卖，没想到如今却死于非命。她捶胸顿足，徒呼奈何。

和阿丹一样，阿湘也为枉死的锦鲤在花园里做了一个永远的冢。

宠物命好，生前备受宠爱，死后又得以入土为安。

街头有些老人，生前被孩子遗弃，死后无人认领。也许，来生，他们希望自己能变为锦鲤。

小·启示

锦鲤通谙人性，深受大家喜爱。有些人把锦鲤照顾得无微不至，但是，对自己的父母亲却疏于照顾，这是令人慨叹的。

成都人与火锅，宛若鱼和水，成都人
就是水里的鱼。

万灵药与美容剂

都说成都是一个包容性极强的城市。

这样的特色，也充分地显现在成都引以为荣的"火锅文化"里。天上会飞的、地上会跑的、水里会游的、田里种的、路边生的、山上长的，不论是飞禽走兽、鱼虾蟹蚌，抑或是瓜果蔬菜、菌类野菜，通通都可以放进汤里去涮。就连牛喉、鹅肠、兔头、鸭舌也不放过。汤底呢，花样繁多，牛筋啦，鱼头啦，鸡啦，鸭啦，羊啦，牛啦，鱼啦，鸽子啦，野菌啦，还有各式各样名贵与不名贵的药材，林林总总，全都可以用来熬成浓浓的汤底，让你在选择时眼花缭乱，无所适从。

在成都，火锅已不单单是一种饮食了，它是成都人的生活方式，也是成都人的生活文化。成都人与火锅，宛若鱼和水，成都人就是水里的鱼。

有趣的是，火锅居然也"俘虏"了旅居成都的美国人。

那天傍晚，我与初识的美国朋友爱瑞雪（Rachel）讨论晚餐该吃什么时，她的夫婿爱和平（Daniel）脱口便说：

"火锅，吃火锅最好！"

我们到一家人声鼎沸的鳝鱼火锅店去，天呀，楼高三层，竟然座无虚席，耐心等了约莫半个小时，才得以入座。

要了鸳鸯火锅，又杂七杂八地点了许多荤的素的配料。端上桌来的"鸳鸯火锅"，一边是穷凶极恶的麻辣汤底，另一边是浓郁醇厚的白味汤底，宛如相依相偎的"红颜白发"。

爱和平这老外可真让我"大开眼界"了，只见他的筷子夹了肉、夹了菜，一个劲儿全往麻辣汤里涮。他还表示他最爱的是豆腐皮和莲藕，因为豆腐皮能吸辣，每每舌头一卷，豆腐皮里蕴藏着的辣味便翻江倒海地沿喉而下，每个细胞都被烧得哀哀惨叫；莲藕呢，圆圆的窟窿里阴毒地盛满了让人头发直竖的辣汤，一口咬下去，辣汤如喷泉般激射而出，好像有人恶作剧地在舌上放了一枚爆竹，"嘭"的一声，炸得人方向不辨，全身颤抖，刺激绝顶！

爱和平一边大快朵颐，一边口沫横飞：

"你知道吗，火锅是我的万灵药呢！有一回，拉肚子，多次进出厕所，苦不堪言，后来，灵机一动，提着裤头，匆匆赶往火锅店，狠狠地吃了个麻辣锅，立刻止泻。平时伤风感冒，我也总是擤着鼻涕赶去吃火锅，一吃便好，屡试不爽！"

说着，夹了一根辣椒干，放进嘴里，津津有味地咀嚼。

我目瞪口呆。

他笑嘻嘻地说：

"不辣的呀，你试试看！它的辣味其实已经全部流进汤里面去了。"

我试。一放进口里，便学着他细咬慢嚼，哎哟，那狠毒的辣味，霎时成了喉头的一团剧痛，我好似着了催泪弹一样，眉眼鼻唇痛苦万状地扭曲在一起。

爱和平急忙安慰我：

"没关系，慢慢来，辣椒这东西嘛，多吃几根便习惯了！"

一个道道地地的美国人，教一个如假包换的东方人吃辣椒，着实令人忍俊不禁啊！

与爱和平不同，爱瑞雪和火锅可不是"一见钟情"的，反之，充满了迂回曲折的变化。

她饶具兴味地忆述：

"第一次吃火锅，我觉得那又红又辣的汤，实在太古怪、太难吃了。偏偏成都的朋友喜欢请我们上火锅店，我也只好入乡随俗了。一次又一次地逼自己吃，吃到第十次，我还是觉得厌恶不堪。奇怪的是，吃呀吃的，吃到了第十六次时，峰回路转，我竟然爱上了它！"

一旦钟情，便缘结终生。

现在，爱瑞雪吃火锅已不分时令了。春天，她为迎春而吃；

夏天，她为出汗而吃；秋天，她为闲情而吃；冬天，她为驱寒而吃。

皮肤滑润细致的她，亦庄亦谐地说道：

"火锅是我的美容剂，每回上火锅店，总有好几个小时端坐在火锅前，热汤不断地滚着时，烟气也扑面而来，脸上的毛孔一个个敞开，大大地促进了我皮肤的新陈代谢！"

我捧腹大笑，啊，"万灵药和美容剂"！还有什么关于火锅的广告能比这更精彩，更新颖，更具创意呢？

爱和平和爱瑞雪是在2003年从美国德克萨斯州飞赴成都的，他们听说成都生活悠闲惬意，刻意来此小住。没有想到初来乍到，便被火锅勾走了魂魄，小住变长住。

最绝的是，火锅居然变成了他们的"乡愁"。

爱瑞雪说："我们去福建旅行，第二天，便患上了思乡病，白天晚上，想的都是火锅、火锅、火锅。"

从厦门回返成都之后，夫妻俩飞也似的赶去火锅店，吃香喝辣解乡愁。

对火锅的一往情深，成了他们"终老成都"一个最强而有力的理由。

小·启示

　　火锅，不但是成都人的最爱，而且，还俘虏了美国人的心。当不同国籍的人其乐融融地坐在烟气袅袅的火锅前一起大快朵颐时，便完美地展现了饮食文化的包容性。

他俩教会了我，有一亩田，便诚诚恳恳地耕那一亩田；有一块饼，便快快乐乐地吃那一块饼。

共在人间

那一年，到土耳其去，住在一个与世隔绝的小农村里。

我们下榻的农舍，住着一对老夫妇。两张脸，像是皱缩成团的黑枣子，密密地布满纵横纹路。可是，他们腰不弯、背不驼，安恬地过着"日出而作，日入而息"的农耕生活。

正是麦子播种的时候，农耕还是停留在原始落后的"点播"方式，老叟走在前面，用锄头在土壤里打洞；老妪跟在后头，把麦种轻轻地撒进洞里。一行行、一亩亩地种，神情专注而满足，好似在从事一件无比庄严的事情。

傍晚，夫妻俩在厨房里烙饼。满布岁月沧桑的古老灶子，烙出了满溢麦香的饼，含蓄的米黄色，淡淡的麦味儿，大而圆、烫手。在朦胧的暮色里，两个人坐在矮矮的木凳上，以枯瘦多皱但却坚实有力的手，捧着烙饼，大口大口地吃，脸上笑意荡漾。

这一幕，深深地触动了我的心。

活着，真好。

知足地活着，常乐。

许多人，活着而不快乐，只因不满足于他所拥有的，一心憧憬他所未知的，"共在人间说天上，不知天上忆人间"。坐这山，望那山；吃这碗，盼那碗。任由"欲望的树"在心田里无止境地生长着，长了一寸，他要一尺；长了一尺，他要一丈；眼看那"树"已经高耸入云了，可是，他还是满心焦灼地嫌它"发育不良"。天天在欲望的"无底深潭"里浮浮沉沉，弹指间，短短数十寒暑已成过眼云烟；回首前尘，竟不知"快乐"一词如何诠释。

这个下午，我和这一对萍水相逢的老夫妇共食大饼，他俩教会了我，有一亩田，便诚诚恳恳地耕那一亩田；有一块饼，便快快乐乐地吃那一块饼。

人生一世，草生一秋；共在人间，话人间，爱人间。天上究竟有多少富贵，多少安逸，不必说，更不必盼。

　　知足常乐，不是劝人一无所求地过着懒懒散散的日子，而是在自己的能力范围内，一步一脚印地把事情做好，不要期盼一步登天，更不要生出无穷无尽的欲望以戕害自己的健康和惹来不必要的灾难。

祖孙俩守着一整间店的手制米纸，犹如守着整个民族的文化产业。

纸上树魂

那夜，停电。

尼泊尔南部的那个小村庄，好似不小心掉入了一个巨大的黑坑里，伸手不见五指。

泥路两旁的店铺，全都进入了梦乡，只有一家还亮着一盏苟延残喘的煤油灯。

金黄色的火舌，闪闪烁烁，满室都是朦胧的风情。

在店里鹄候的，是一对祖孙。

一迈入店内，一股树木的清香，立刻缠缠绵绵地粘了我一头一脸。老祖母脸上浮着蜻蜓点水般的笑意，将一本薄薄的小册子递来给我。

小册子上，有一段简洁的文字：

"我生长于尼泊尔的高山区，迄今已经两千岁了。大家都把我称为手制米纸，我不怕水浸、不怕蠹虫，我还有止血抗菌的功能哪！"

啊，手制米纸！

我一直都在寻找，没想到"踏破铁鞋无觅处，得来全不费工夫"呢！

双眸绽放亮光的我，兴奋难抑地将小册子翻来覆去地看，那些色泽米黄而纹理不一的纸，蠕动着强劲的生命力。侧耳细听，啊，我听到了一个又一个源自高山的神秘故事，那是树与树的故事、树与山的故事、树与纸的故事……

制作米纸的这种树，当地语言称为"Lokta"，长在尼泊尔东北部寒冷的高山区。

当地人将树砍下之后，将内层的树皮取出，击碎，放入水中，加入苛性钠同煮，煮成浓浆，倒在纱布上，再将纱布套在方形木框上，放在阳光下曝晒。半小时后，一张张小心翼翼地撕出来，用夹子夹着，吊在绳索上，晒上几个小时，等里里外外都干透了，便一张张收起、叠好，遥遥地送到首都加德满都去加工。

手制米纸用途广泛，它可以依照不同的性质和要求，切割装订成古色古香的大小册子；可以绘上花卉和动物，剪裁成别具一格的信封、信纸和明信片等。或者，将它染上缤纷的色泽，做成精美的灯罩。Lokta树具有循环再生的能力。一般，树龄六岁，便可以砍下造纸了；残留的树根，六年之后，又可长成从前的高度；再砍、再长；如此生生不息，循环不休，十分环保。

手制米纸的韧性极强，水浸不坏、手揉不皱、虫蛀不了，就连无所不能的岁月，也莫奈他何。尼泊尔一两百年以前以手制米纸签写的文献，迄今完好如新。鉴于此，尼泊尔人目前依然有个不成文的规定，凡是农村借据、田地契约或是法庭证件，只能以手制米纸来印制或签写。

祖孙俩守着一整间店的手制米纸，犹如守着整个民族的文化产业。此刻，店外是黑魆魆的一片，可煤油灯的火舌却在祖孙俩的脸上舔出了一片金灿灿的亮光。

想到我可以用这种吸纳了天地精华的米纸给远方的好友献上祝福，快乐霎时化成了一只只小精灵，在我心中旋舞；和我一起跳舞的，还有附在纸上的树魂呢！

小·启示

古老的文化产品需要有心人的守护，更需要有心人的推广。尼泊尔独特的手制米纸，一直困居一隅，无法在国外发扬光大，这是十分可惜的。

他们快乐，其实只有很简单的一个原
因——踏踏实实地活着，而在一天的疲累
之后，有包子可吃，有咖啡可喝。

心的颤动

从来没有看过比这更简陋的小食摊。

寸草不生的泥地上，摆了许多小木桌、小木凳。几盏萎靡
不堪的煤油灯，事倍功半地吐出了朦胧的亮光。一个污黑邋遢
的大水壶，自得其乐地坐在土砌的大灶上，昼夜不分地吐出一
圈一圈黑黑的烟气；咖啡的香味，好似隔世阴魂，氤氲在幽昧
的空间里。

摊主是个中年女人，一双灵活的手，在木质砧板上快速地剁
肉，剁肉的声音，响成了极有韵律的曲调。旁边站着她的女儿，
十来岁，很努力地擀面，米黄色的面团，好似已经囤积了一个
世纪。

母女俩以做肉包子和卖咖啡营生。

八张矮矮的小桌子，挤挤迫迫地坐满了人。

桌上，放了沾着污渍的杯子，还有，袅袅冒着烟气的包子；桌旁，坐着长相粗犷的人，口沫横飞地吐出一串一串粗陋的话；偶尔爆出来的笑声，使煤油灯里的火舌，都不安本分地晃动起来了。

母女俩不说话，也不插口，只是脸露微笑，双手不停地做着分内的工作。

顾客要吃、要喝，都不劳烦她俩。想喝咖啡的，提了壶子便往杯里倾；要吃包子的，开了蒸笼便往外面取。然后，把钱丢进桌上一个木盒里。包子每个缅甸币八元（折合新币一角两分）；咖啡每杯缅甸币四元（折合新币六分钱），是当地劳工支付得起的"奢侈"。

包子皮太厚，不精致；咖啡味太淡，不可口。然而，顾客却都吃得喝得津津有味，朴实的脸上，荡着毫无心机的笑。

他们快乐，其实只有很简单的一个原因——踏踏实实地活着，而在一天的疲累之后，有包子可吃，有咖啡可喝。

在缅甸中部位于伊洛瓦底江畔的这个历史古城蒲甘，看到"快乐"以这种简单而又直接的方式"现形"，我长期被烦器生活僵化了的那颗心，有一种想要流泪的颤动。

小·启示

快乐长了翅膀，飞到穷乡僻壤去，以一种真实无伪的面貌展现出来，很深地触动了作者的心。

> 我揉了揉眼，揉去了那一抹骤然涌上眼眶的潮湿感；揉不去的，是那两团臃肿的身影。

人间有爱

杰尔（Gyor）是匈牙利西北部与捷克交界的小城。

古雅而宁静，处处铺满了光滑的鹅卵石；路旁的屋子，闲闲地爬着岁月的泪痕——青苔。风在呢喃、鸟在啁啾，人呢，朦朦胧胧的不知身在何处。

杰尔城内有个大湖。

饱餐之后，沿着湖畔散步。累了，坐下，触目都是白天看熟的景致，可是，在感觉上，一切的一切，却显得非常的陌生。时光在这里不是向前走的，它向后退，愈退愈后，你静静地坐着时，好像也慢慢地变成了遗迹的一部分。

不远处，有一对夫妇，很老了，颈上的皮肤层层相叠，体态非常臃肿。夫妻两人，手上各自拿着一大袋面包皮，喂湖里的天鹅。他们以温柔的手势把面包皮抛落湖内，看天鹅快活地吃，夫妻俩脸上都闪着慈和的笑意。夕阳金黄色的余晖，把他们原本浑浊的双目照得晶亮晶亮的。孩子一个个长大成人而离家远去了，两个年近黄昏的老人，只好把喂饲天鹅想象成含饴弄孙而模模糊糊地享受着暮年的快乐。

偌大的天幕，一寸一寸地褪色。

喂毕面包，男的借助于手杖，吃力万分地站了起来。站稳以后，伸手去扶女的。女的比他更胖，更重，试了好几次才勉强把她扶直了。

夫妻俩在华裳尽褪的黄昏里，一前一后地走回家去。女的是个瘸子，几乎是一步一顿的，男的极有耐性，在后头慢吞吞地跟着。来到了大湖与草坪相接那一道长长的阶梯时，男的抢先一步，站在第一个阶梯上，然后，将手臂做成一个扶栏，让女的攀着，两个人，跌跌撞撞，亦步亦趋地爬上去。

阶梯尽头，有成排公寓，万户灯火亮。湖上不知何时凝聚了一层薄薄的雾气，"雾里看花花非花"，我恍若跌入了一个迷离的梦境里。揉了揉眼，揉去了骤然涌上眼眶的潮湿感；揉不去的，是那两团臃肿的身影。

啊，人间有爱，纵是日影西斜，生活依然会焕发出绚烂的光彩！

小·启示

　　暮年的爱情，不是狂烈的火，而是一个长暖的热水袋。风烛残年的老人，怀里揣着热水袋，互相扶持，互相取暖，日子过得有滋有味。

卖得出去，她们也许高兴；卖不出去，她们绝不悲伤，因为她们和骆羊之间，已经建立了亲密的感情了。

骆羊

库士科这城市，建在秘鲁海拔3400公尺的高山上，素有"高空城市"的美誉，是印第安人聚居最密集的地区。

居民以畜牧为生，他们畜养的，是样子奇特的骆羊。

骆羊，颈长，腿也长；蹄硬而锐，性子温驯，可是，一旦被激怒，会乱踢人。骆羊有"无峰驼"的称谓，然而，我个人觉得，骆驼看起来老态龙钟，骆羊却长得异常秀气，它们走路时娉婷袅娜，伫立不动时楚楚可人。

骆羊浑身上下都有可资利用的价值，是印第安人赖以为生的资产。骆羊可用以运驮货物，厚毛可用以编织衣物和地毯，粪便可充当燃料；老了被宰杀，又可做成多种美味佳肴。

这天早上，大草原人声鼎沸。穿得大红大绿的印第安妇女，牵着骆羊，心情复杂地等待买主。卖得出去，她们也许高兴；卖不出去，她们绝不悲伤，因为她们和骆羊之间，已经建立了亲密的感情了。

我站在草原上，饶有兴味地看买卖的进行。

有一只毛色黑白相杂的骆羊，被陌生的买主牵走时，口吐白沫，边走边吐。卖主原本是站在一边静静地看的，后来，不忍再看了，便背转过身子，朝草原的另一头踽踽走去，大大的眸子里，噙着晶亮的泪光。

我问站在旁边的人：

"这骆羊病得那么重，怎么买主还肯买呢？"

"它不是生病呀！"那人飞快地答道，"它口吐白沫，是因为它知道要更换主人，心里不舍啊！"

啊，骆羊亦知离情苦。

到了晌午，买卖活动慢慢地沉寂下来，印第安人牵着找不到买主的骆羊，准备回家去了。有只骆羊，也许贪恋草原的大好风光，不想回家，主人死拉硬拖，它寸步不移。骆羊固执，它一使起性子来，谁也奈何它不得。呵呵，真是任性得可爱呢！

当天晚上，到阿马斯广场去逛，看到了骆羊以另一种截然不同的形态出现。

到处挂满的，是骆羊毛毯、骆羊挂毯、骆羊夹克、骆羊毛衣。

看中了一块骆羊毛毯，它由无数小块的骆羊皮凑合缝缀而成，黑白褐三色相间，轻巧而又柔软。

捎回家，好像牵了无数只骆羊进家门。

在秘鲁寒冷荒瘠的高山区，浑身是宝的骆羊，养活了无数的印第安人，而印第安妇女和骆羊之间也建立了亲密和谐的关系，在集市和骆羊诀别时，有着难忍的痛苦。日子，就在这样的矛盾里周而复始地循环着；这种充满了爱的矛盾，也丰富了她们生活的内容。

当两鬓斑白而回首前尘，让你微笑的，是曾经有过的那种肆无忌惮的嬉闹、那种无伤大雅的胡闹！

康河里的笑声

那道温柔的河，有着绿玉般的光彩，像一首短诗。婀娜多姿的柳树，伫立河畔，偶尔风来，便多情地在河面上划出一圈一圈妩媚的涟漪，盈盈的笑意，荡得老远、老远。

我安恬自在地坐在狭长的小舟里，小舟怡然自得地浮在一道道笑纹上。

为我撑篙的，是个年轻小伙子，肄业于剑桥大学历史学系，在课余之暇为人撑舟，赚取外快。

金黄色的头发，闪着稻穗成熟时那种饱满的亮泽；稚气的圆脸，炫耀着飞扬的青春。

口操纯正的英语，他娓娓畅述发生于康河的一桩桩趣事：

"有一回，剑桥大学一名学生与人打赌，说他可以让汽车行走于康河上；他还说，他能让这辆车子在康河多道桥梁底下来去自如。别人都当他异想天开说梦话，没有想到，他居然真的落实为具体的行动！"小伙子说着，嘹亮的声音里掺进了调皮的笑意，"他弄来了一辆小车，分别用四艘小船支撑着车子的四个轮子；那辆车子，就这样洋洋得意地在康河上驶来驶去，又顺顺畅畅地在一道一道桥梁底下钻来钻去！"

想到当时那种怪异的情景，我忍不住纵声大笑。

在愉快的笑声里，小伙子又娓娓道出另一桩趣事：

"有几名学生，利用硬卡纸做成几颗球状物，涂上与铅球同样的颜色，把它们粘在康桥上的栏杆处。那天，大考结束，乘船游河的人特别多，这几名恶作剧的学生，故意发出吓人的惊叫声，然后，一起把纸质的铅球推下河去。撑篙的人，以为桥上的铅质装饰品飞落了，惊慌地闪避，结果，舟与舟相撞，有人狼狈地落水，有人失魂地尖叫，整个场面，乱成了一团！"

小伙子边说边笑，一串串豪迈的笑声，像骤来的雨，纷纷扬扬地落在河面上。重重笑影与圈圈涟漪相互重叠，蔚蓝色的康河，快乐得不断地抖动。

啊，在不知忧愁为何物的年轻岁月里，正是这份未泯的童心，把寒窗苦读的日子装点得璀璨多彩！

莘莘学子，他日走出校门之后，走进社会，走进未来，在以丰富的学识打稳人生基础的同时，无邪的童心，也一点一点地死去了。当两鬓斑白而回首前尘，让你微笑的，往往不是正经八百地坐在课堂里听课的日子，而是曾经有过的那种肆无忌惮的嬉闹，那种无伤大雅的胡闹！

小·启示

　　正经八百的学习，是人生的一阕交响曲；无伤大雅的嬉闹，则是从交响曲中出逃的一个个小音符；不论什么时候回想，都会牵出嘴角绵延无尽的笑意。

> 枯木逢春，是早逝的一方给予仍然健
> 在的另一半最大最深最圆的祝福，旁人完
> 全没有必要说三道四。

枯木逢春

我是在肯尼亚邂逅年过七旬的苏菲雅的。

那天下午，独自坐在"树顶旅馆"里，欣赏林野风光。强劲的风夹带着野兽的吼叫声，化成了耳边一片野性的喧哗。虽是夏天，却有砭骨的寒意；当寒风一再飞卷过来时，游客纷纷回房歇息，唯邻桌一个满头银丝的老太太，却风雨不动安如山。

她微笑地与我搭讪："树顶旅馆这地方，真是太美妙了呀！"

我衷心同意："是啊，这种不落窠臼的设计，实在很棒呀！"

试想想，利用粗大的树干作为支撑而运用平衡的原理把旅馆建在树干上，让下榻者充分领略栖息林中的野趣，这是何等新颖的构思啊！此刻，从高处俯瞰，下边的水池畔，正有几只小鹿、

几头野象，和谐地聚集一处，共饮池中水。

我们闲闲地聊天。

苏菲雅来自美国，已在肯尼亚逗留了长长的六周了。

和许多西方游客一样，她没有去其他治安不好的城市旅游，只在沙滩上晒晒太阳，到野生动物园看看动物；反正肯尼亚海岸线够长而野生动物园又够多，以这样的方式消磨一两个月是绝对没问题的。

谈得投缘，心情极好的苏菲雅突然敞开心扉地对我说道：

"我的丈夫，病了很长的一段时间。"说着，眯起双眼，屈着指头算了算，续道，"唔，至少有七八年瘫痪在床，我足不出户地照顾他。去年，他走了。我的女儿劝我：'妈妈，您也应该为自己着想着想啦，和尊尼结婚吧，彼此有个照应。'尊尼是我们一家子的老朋友，妻子前年病逝。嘿嘿，我和尊尼两人年龄相加都有150岁了，还结婚干啥呢！可我的女儿却说，'如果两个人都能活上百岁，至少还有20多年岁月可以一起生活呀！'"苏菲雅脸上笑意晃动，"我们四个月前结婚，尊尼和我议定，只要双脚走得动，我们要尽量出来看世界。"

在晚宴上，我见到了那位频频把她唤作"甜心"的尊尼。很高，很瘦，岁月在他脸上恣意伸展成叶脉，那是一片很快乐的叶子；一则一则笑话像珠子般从他嘴里咕噜咕噜地滚出来，众人嘻哈绝倒，其中笑得最大声的，是他的"甜心"苏菲雅。

东西方对于老人的"第二春"，持有截然不同的看法——西方老人再婚，往往会得到亲友全力的支持；东方老者再婚呢，却会惹来旁人诸多非议和亲人多方阻挠。

实际上，枯木逢春，是早逝的一方给予仍然健在的另一半最大最深最圆的祝福，旁人完全没有必要说三道四。

吹皱一池春水，又干卿何事呢？

小·启示

当暮年丧偶的人重新觅得"第二春"时，旁人应该给予全心的祝福，而不是诸多批评和百般非议——这也是一个成熟社会所该有的表现。

原本可能幸福美满的一段好姻缘，他却无中生有地找来一根大棒，硬生生地把一对情深意浓的鸳鸯打散。

算命先生

一日下午，在政府组屋骑楼底下躲避骤雨。

骑楼处，有一个算命摊子，算命先生脸上布满了深如沟壑的皱纹，一生的风霜与沧桑，都明明白白地写着了。

此刻，他正为一个女子看掌纹。

女子很瘦，属于摽梅已过的年龄，穿一袭衣裙，肥肥的红花配上阔阔的绿叶，有一种甩不掉的俗气。

她问的是姻缘。

算命先生的话，如铁打钢铸，句句铿锵：

"你这个男朋友，不可靠。你跟了他，注定没有好结果。"

女子十分忧心，双眉紧蹙地问：

"那，我该怎么办？"

算命先生斩钉截铁、没有半分转圜余地地说：

"分手，越早越好！"

女子不甘心，兀自挣扎：

"可是，可是，他对我很好……"

话未说完，算命先生便使出狠招来捏死她的希望：

"好又有什么用，表面功夫而已！你听我说，你一定要早做决定，快点分手！否则，一生受苦！"

女子付了钱，敛容正色，眸含泪光，犹犹豫豫地走了。

此刻，我心中有怒气，也有遗憾。

气恼那个算命先生。

他自己的人生道路也许坎坷不顺、多风多雨，可他为什么要把生命里其他过客拉来当"陪葬品"？原本可能幸福美满的一段好姻缘，他却无中生有地找来一根大棒，硬生生地把一对情深意浓的鸳鸯打散，居心何在？素未谋面，他却武断地以"不可靠"三个字来将那个男人一棒打死，良心在哪？

为那个女子感到遗憾。

明明已经找到了真爱，但却不知"信心"为何物，想找个人来"打气"，偏又碰上个心术不正的算命先生，把大好的一份感情活生生地"打瘪"了。

小·启示

　　动摇真爱的，其实并不是算命先生，而是女子那颗缺乏自信的心。无法自我肯定，又不相信握在手中的爱是值得珍惜的，结果呢，亲手将一份美丽的感情埋葬掉。

瘦瘦的竹篙，被他握在手中，轻巧如棒。

撑竹篙的人

那名壮实的汉子，皮肤因经年累月遭受阳光洗涤而变成了古铜色。瘦瘦的竹篙，被他握在手中，轻巧如棒。在这"潭深可卧龙，潭浅石拱舟"的九曲溪上，他左撑一下，右划一下操纵着负荷不轻的竹排，在迂回曲折的九曲溪上，犹若一片轻巧的叶子，快活无边地顺流而下。

这种竹排，是以六七根削去青皮而经过烧烤的毛竹拼在一起而扎成的，宽达一米、长约八九米；它浮力大、吃水浅，只需一根竹篙，便能灵活地驾驭自如。

自从武夷山在1986年开辟为旅游胜地之后，周边许多人便靠这竹排养活了一家大小。比如这名为我撑篙的汉子，过去是以打鱼为生的，收入菲薄，生活艰苦；改行之后，他的生活，大大地改善了。

每天清晨五点半，天泛鱼肚白，他便守在溪畔了。游客一到，他就撑篙而行，如果水流顺畅，每次行程，约需一个半小时；倘若水流不顺，则需两个小时。每天平均得撑上六趟，到晚上八点收工时，往往累得连手臂都抬不起来。

这撑篙的汉子，虽然仅仅读过三年书，可是，说起话来，头头是道，尤其是讲述有关九曲溪的种种典故、神话、传说，更是如数家珍，娓娓动听。

他一脸自得地说：

"我今年34岁了，在武夷山也足足生活了34年，这儿的一丘一石、一草一木，我都了如指掌。"

在口沫横飞的讲解中，他加入了浓郁的感情，注入了幽默的元素，落在耳里，分外有趣、格外动听；明明是一块稀松平常的大石头，经他一说，便有了生命，有了色彩；明明是黝黑邈遐的一个小洞穴，然而，经他一讲，便有了历史，有了价值。

深邃奇绝的九曲溪，共有九曲十三湾，一曲一景观，曲曲呈幽奇；一弯一景致，景景皆秀丽，难怪郭沫若先生到此一游后，吟出了令当地人津津乐道的名句："桂林山水甲天下，不及武夷一小丘。"

竹排在撑篙汉子潇洒自如的控制下，一忽儿在满布嶙峋石块的浅滩上轻快地滑过，一忽儿又飘进了深不可测的潭水中。他抑扬顿挫的声音，飘荡在清新的空气里，我们入神地听，群山亦在专注地听；撑篙的汉子，说得益发起劲了。

这是个快乐已极的人。

快乐，只因为他深谙敬业乐业的道理。

小·启示

撑竹篙的汉子，对家乡的一切了如指掌，对家乡的爱溢于言表。他不仅仅是一个撑竹篙的人，同时也是文化的传递者，他让家乡美丽的面貌在他人脑子里牢牢生根。

电工一定要做到"心中有电，手中无电"，才能算是出色的。

电人

家里进行装修工作，需要驳接许多新的电路。

最初请来的那个电工，脑筋不灵，经验全无。在我家工作了几天，大约是电路接得不对，装上去的电灯不亮、电铃不响、电风扇不转。整个情况，我只能用"一塌糊涂"四个字来形容。到了第四天，我的忍耐，已到了极限。

令他回去，我另请高明。

来的，是个年轻小伙子。长手长脚，身子瘦削；带来一个助手，肩膀宽厚，肚子微圆，一脸憨厚的笑容。

瘦子一进门，便吹着口哨，自在而快活。我把"残局"一一指给他看，他信心十足地说：

"没问题，我办事，你放心。"

我看他开始动工了，便想去关总电闸，他立刻阻止：

"不必关，我的朋友都称我为'电人'，我天生是要靠电来谋生的。你知道吗，有时我把200伏特的电线抓在手里，别人看了冷汗直流，我却一点感觉也没有。"

这时，他的助手开口了：

"他的功夫，已练到最上乘的境地了。"

电工讲求的是熟练的技巧，怎么可以说是功夫呢？

瘦子左手拉电线，右手驳电路，坦然应道：

"是功夫，不是技巧。技巧可以靠苦学而成，功夫呢，除了苦练以外，还得靠天赋。电工一定要做到'心中有电，手中无电'，才能算是出色的。"

我见他汗流浃背，给他端水，他大声警告我：

"小心，不要碰到我，我现在全身都是电哪！"

这个"电人"，短短半天，便把另一个电工无法弄妥的所有电路接驳好——电灯亮、电铃响、风扇动。

我满心欢喜地送他们出门，连声道谢。

助手调侃地说：

"'电人'工作时，件件顺手；然而，尽管他满身是电，却没有办法使女孩为他而触电！"

任何技艺，要臻于炉火纯青的境地，除了天赋之外，也需要勤学苦练。二者相辅相成，才能成就真学问。

烙好的饼，圆圆、大大，金光灿烂，好似顽皮地飞落于人间的一轮满月。

像月亮的烙饼

在巴基斯坦南部大城卡拉奇，住在闹市里的一家小旅舍。

每天早上，总有异香袭人。这股诱人的香气，是活蹦乱跳的，是声势浩大的，它不由分说地将我朦胧的睡意驱赶殆尽。

翻身坐起，趴在窗口，看。

啊，那人，又在烙面饼了。

古老得好似天方夜谭的石砌炉灶，烧得通红。他以灵活的手飞快地将面团压得扁扁的，再以长柄木勺把它送进炉灶里，烤它一个天翻地覆。朴素无华而又缠绵悱恻的香味，就这样一点一点地溢出来，溢出来了。烙好的饼，圆圆、大大，金光灿烂，好似顽皮地飞落于人间的一轮满月。那些衣衫褴褛的人，就站在苍蝇飞绕的小巷里，蹲在污水横流的沟渠旁，坐在沙飞尘扬的马路边，吃那刚刚出炉的烙饼。他们将烙饼掰成小块小块的，蘸着辣酱，咂嘴咂舌地吃，吃得大汗淋漓。夏天的阳光，在无云的天空里，哗啦哗啦地流泻着，饱得心满意足的人啊，就在这心无城府的阳光里，揩嘴、抹汗，快步走出小巷，干活去了。

这阕生活之曲，单纯而又和谐，每天被这曲子唤醒，心情总是十分亮丽。

然而，烙饼在不同的场合，却有着截然不同的面貌。

有个晚上，大学教授费迪南邀请我们去一家装潢华丽的餐馆用餐。圆而大的烙饼，矜贵地裹在一方绣了细致花朵的餐巾内，有睥睨众生的冷傲，高不可攀的冷漠。当那碗浓郁的肉汤端上来时，费迪南教授的话题，正缠绕在克什米尔的主权问题上。费迪南教授站在巴基斯坦立场上，发表了许多偏激的言论，而当他数落印度的种种不是时，那双被仇恨燃烧着的眼睛，闪出了宛若鬼火般的绿色光芒；当我的眸子和这样的目光不期然地相碰时，忍不住打了一个寒战，赶快低头，解开餐巾，取出烙饼。那个圆圆大大的烙饼，泥褐色的，好似不小心掉落到龌龊河水里而被溺毙的一轮月亮，它平平地摊在桌上，又冷又硬，噫，是月亮的尸体呢！

小小的烙饼，却展示了复杂的人性。大千世界，面貌繁复，只要长出心眼，处处都是故事。

美丽的沙漠是他的自豪，清凉的绿洲
是他的快乐。

牵骆驼的人

决定骑骆驼进入撒哈拉大沙漠的那一天，万里晴空，云彩全
无。阳光，是千支万支烙红的毒箭，不分青红皂白地猛射；风着
火了，气势汹汹地燃烧着大地。

牵骆驼的，是个土著，皮肤很黑、牙齿很黄、皱纹很多、话
很少。起伏有致的沙漠，被烙得冒着袅袅的烟气，而他，竟赤
足。那双千锤百炼的脚，龟裂成比世界地图更为复杂的图形。

牵着骆驼，他低着头，走。

走、走、走。

走进空旷而苍茫、美丽而诡谲的沙漠。

空荡荡的大地，漾出一圈一圈金色的亮光，把干干净净的天

映照得好似绸缎一般明亮，人置身其间，有一种虚幻的瑰丽感。

偶尔风来，我戴的帽子逃走，牵骆驼那人，便在齿缝间发出"嘶嘶"的声响，让骆驼驻足；然后，以比风更快的速度，追。帽子追回来后，他木木然地递给我，浑浊的眼珠，好似死鱼般呆板。

沙漠的景致，不是平平坦坦一望无际的空洞，更不是死死板板全无变化的单调；沙与风，是一对胡闹的伙伴；风一来，沙便活泼地飞舞，它旋呀转呀，变出千姿百态，幻化成万种面貌。于是，在闪烁的金光里，我看到曲线玲珑的少女醉卧沙地；在荡漾的金波中，我见到巨大的鲸鱼搁浅沙滩。

撒哈拉大沙漠，就像是一缕充满了诱惑的幽魂，把无数异乡人纳入它宽阔的"胸膛"里，让他们难以自抑地对它萌生爱意。

一路行去，啧啧赞叹。

牵骆驼的人那张黧黑的脸，露出了蜻蜓掠水般的笑意；原本死鱼般的眼珠子，也隐隐约约地闪出了些许亮光。

走着走着，也不知道到底走了多久，眼前突然出现了一片绿色，那悦目的绿色啊，慢慢地蔓延、扩充，绿色的面积越大，感觉就越凉快。啊啊啊，是沙漠的绿洲啊！

这时，牵骆驼的人喉间忽然发出了"咔咔"的声响，骆驼屈膝、下跪。我从骆驼背上溜下来，他指了指前面那一条潺潺流动的小溪，率先跑了过去，用手掌舀起一把清澈的溪水，洗脸；然后，抬头看我，一脸都晃动着晶亮的笑意。

美丽的沙漠是他的自豪，清凉的绿洲是他的快乐。

牵骆驼的这个人，把他整个生命揉进了沙漠里。

小·启示

　　对于许多人来说，广袤的沙漠，就是"孤单寂寞"的代名词。这个牵骆驼的人，把自己整个生命镶嵌在沙漠里，却自得其乐，原因只有一个：他爱这个他生于斯、长于斯的地方。

干瘪的嘴，抿成一道短短的直线，顽强地展现着一种不容他人亵渎的自尊与自信。

亮泽

那老妪，至少有一百岁了。

苍老的脸，满满的都是纵横交错的皱纹，像久旱不雨的大地。岁月是一块沉沉的巨石，把她薄薄的背脊毫不留情地压得弯弯的，让她看起来宛若一只"佝偻的虾米"。

每回经过荷兰路那一道人来人往的公共走廊，我都会看到她。

她总是坐在地上，有条不紊地把一张张捡来的纸皮抚平、折好、叠高，然后，用绳子捆成一扎扎。

那儿有家水果店，长年都有捡拾不完的厚薄纸皮、大小纸箱。她把捡拾而来的纸皮和纸箱整理好，卖给旧货商，无形中解决了三餐无着落的狼狈，也化解了年老无依的凄凉。

这儿行人多如过江之鲫，可是，这老妪却旁若无人地赤着一双污黑粗糙的大脚，怡然自得地在被太阳烧灼得微微发烫的地面上走来走去；一看到弃置的纸皮纸箱，立马捡拾、折叠、捆绑，手脚麻利地重复着这单调得近乎机械化的动作，如圣人般庄严，如学者般专注；有孩童的欢愉，也有老者的慎重。

记得那是一个微风轻拂的下午，空气里静静地氤氲着水果甜香的气息。

我在店里低头选橘子，她在店外俯首折纸皮。

就在这难得的清静里，镁光灯出其不意地闪了闪。

我们同时抬起头来，拍照的，是一名金发碧眼的游客。他正蹲在地上，相机毫无敬意地对准着她，"咔嚓、咔嚓"地拍，镁光灯嚣张地闪了一次又一次。

老妪那双看似浑浊的眼睛，在电光石火间突然亮了起来——不是晶亮，而是火亮。她毫不迟疑地以枯瘦的手抓起身边一块厚重的纸皮，以令人吃惊的强大力道，狠狠地朝他掷过去。游客吓了一大跳，本能地闪了闪，身子失去平衡，难堪地趴跌在地上。老妪一言不发，冷冷地瞅着他。

他灰头土脸地爬起身来，悻悻然地走了。

老妪若无其事地站起来，走去捡回刚才被她用力扔出去的纸皮，庄严地、专注地、欢愉地、慎重地，抚它、折它、捆它。干瘪的嘴，抿成一道短短的直线，顽强地展现着一种不容他人亵渎的自尊与自信。

此刻，下午明晃晃的阳光，直直地落在她所剩无几的白发上，折射出一种令人难以逼视的亮泽……

小·启示

百岁老妪孤苦无依，但却没有被现实的担子压垮。自食其力的她，在个人尊严被任意亵渎时，做出了顽强有力的反击。在她的身上，闪现了令人尊敬的人格亮光。

我硬生生地忍住了想打呵欠的欲望，让老人把胸中凝结成块的"寂寞"掏出来、掏出来……

演傀儡戏的老人

一走进屋子，便不由得惊叹出声：

"哇，这么多傀儡！"

这位年过七旬的老头儿，跟在我后面，得意地微笑。

长长窄窄的厅，这里那里，放满了傀儡。男女老幼，红脸黑脸，一应俱全。

我走进房间，还没有把行李安顿好，老头儿便跟了进来，手里拿着一个四四方方的饼干盒子，毫不客气地在房内的藤椅上坐了下来。打开盒子，里面，装满了黑白照片；拿出了一叠，塞进我手里。

一看，原来是他"光辉灿烂"的"历史照片"。

眼前这位留着八字须的老人，是匈牙利遐迩闻名的傀儡戏表演好手，过去曾多次受邀到东西欧各国巡回演出。法国傲然矗立的巴黎铁塔下、意大利群鸽飞绕的威尼斯广场上、奥地利白雪皑皑的阿尔卑斯山山麓下、南斯拉夫阳光普照的中央广场上、捷克人潮涌动的布拉格音乐钟塔下、波兰建筑宏伟的华沙艺术剧院前，处处、处处，都有着老人怀抱傀儡所留下的踪迹。唯当年拍照时，老人还很年轻，镜头里的那一张脸，意气风发。

对着我这名初识的朋友，老人絮絮不休地以匈牙利语畅谈他过去的光荣史。我看着话语源源不绝地从他的口中流出来，好似看到一条"寂寞的江河"在屋子里泛滥成灾。我听不懂匈牙利语，但是，为了礼貌，又不得不耐着性子"听"；他的话和那"滴滴答答"的时钟一样，全然不会停。终于，无法再忍，以手势告诉他：我肚子饿了。取来一张纸，在纸上画了一条鱼，问他："何处有鱼吃？"

他微笑，用蹩脚的英语说道：

"我带路，那餐馆，鱼新鲜，鱼的汤，尤其好。"

我目前置身之处是匈牙利南部的大城塞格德，塞格德位于渔产丰富的提苏河畔。

戴上了一顶草帽，他带着我和日胜缓缓地走下楼去。

老人所住的这所公寓，位于提苏河畔。沿着河畔走不多远，便看到一整排餐馆。老人指着其中的一家，竖起拇指，说：

"那是塞格德最好的。"

邀他共进午餐，他摇头。把草帽脱下来朝我们挥了挥，又欠了欠腰，微笑着说：

"日安，再见！"

塞格德的鱼汤，果然名不虚传。

装在圆肚黑钵里，袅袅冒起的烟气，全都沾上了鱼儿那股鲜得让头发也不禁要顶礼膜拜的味儿。汤是鱼碎慢火熬成的，汤内有大块刚刚烫熟的鱼肉，嫩、滑、细，入口即化，汤味之浓郁鲜美，绝不逊色于佛跳墙。

饱餐之后，外出逛游。

塞格德是一个极其美丽的地方。悠闲、平静、恬然，好像是一个与世隔绝的城市。虽然名胜古迹不多，可是，啥事都不做，单单在大街小巷里闲闲地漫步，便已是一件赏心悦事了。

夜晚，回返下榻处，发现老人正坐在厅里，对着满屋的傀儡愣愣出神。

一看到倦游归来的我们，笑意像骤来的雨，洒满了他尖而瘦的脸。

我们进房不久，他尾随而来，怀里揣着一个长方形的饼干盒，意兴勃勃地打开来，取出了一沓照片，递给我。

是他年轻时的家居照片，照片里有一个美丽的妇人，常伴他左右。

"是你妻子吗？"我问。

他猛力点头，慎重地抽出了其中一张，照片里的妇人双手交叠于胸前，站在舞台上，引吭高歌。

"你的夫人是歌唱家？"我再问。

他又点了点头，接着，一抹微笑，轻轻荡漾于脸上；他开始用匈牙利语向我陈述他那一段刻骨铭心的感情生活了。我硬生生地忍住了想打呵欠的欲望，让老人把胸中凝结成块的"寂寞"掏出来、掏出来……

小·启示

演傀儡戏的老人，曾经有过风光的年华，暮年丧偶后，却未能很好地调整自己的生活，以致变成了一个逢人便"话当年"的啰唆老者。人生际遇，起伏不定，我们应该学会面对，随遇而安。

每次一踏进这所纤尘不染、井然不紊的房子，我的手脚，便宛若缚着一重一重的绳索……

老房东

来到了匈牙利首都布达佩斯，旅游促进局推荐我们下榻民居，正中下怀，欣然接受。

是一座非常古老的公寓。

气喘吁吁地爬上了三楼，敲门。门内站着一名年迈的妇人，尖尖的脸，小小的眼，脸上、眼里，都无笑。斑白的头发一丝不苟地梳得整整齐齐。由于她神情冰冷僵硬，乍一看，好像是个蜡人。

看到风尘仆仆而又手拎行李的我们，神情冷漠的她，以一只手扳着大门，用生硬冷淡的语调说道：

"根据条文规定，新来的租户在下午五时之前不准入屋。"

告诉她，我在火车上通宵没睡，极累，想入屋休息。她一口回绝：

"不行！"

退而求其次，请她让我们把行李寄存屋里，洗个澡，才外出。

这么一个简单的要求，她居然也考虑了老半天，才勉强地点了点头。

我把行李搁在大厅的角落，她立刻便以尖厉的声音喊道：

"别放那儿！"

指着浴室外的一小块地方，说：

"放这边。"

忍气吞声地照做如仪。

进了浴室，才过了一会儿，她便来擂门，毫无礼貌地催促道：

"快点，快点！"

草草地洗了澡，满肚怒火地出门去。

在外头逛游了一整天，晚上十点多回去。

整间屋子，静静的、暗暗的，用锁匙开了门，发现大厅的小几上亮着一盏台灯，灯下，压着一张纸。凑前去看，上面的大标题是："房客须知"；标题底下，分别列了许多小纲目，我记得的，大约有这四条：

其一：不准洗衣。

其二：晚上十点过后回来，不准发出任何声响。

其三：不准在房间里吃东西。

其四：不准把行李放在房间的床铺上。

嗳，不准、不准、不准、不准！

这老婆子，哪儿是经营客舍的，简直就像是在管理牢狱嘛！

在老婆子的家住了三天，天天早出晚归，完全不曾和她碰头，纵是如此，每次一踏进这所纤尘不染、井然不紊的房子，我的手脚，便宛若缚着一重一重的绳索；我的嘴巴，也好像是被人硬生生地捂着，有一种闷得透不过气来的感觉。

离开前夕，我把那张"房客须知"翻转过来，用笔在上面写道：

"房东须知：该给房客应有的自由、礼貌与尊重。房客不是囚犯，而牢狱是不收房租的。"

写毕，在上面端端正正地签上自己的名字。

小·启示

老房东对游客提出了诸多不合理的要求，让游客有身系囹圄的感觉。实际上，房东犹如国家的"隐形大使"，理应善待游客，使游客宾至如归。"一粒老鼠屎，坏了一锅粥"，诚然！

无需监视、不必罚款、不设规条，却人人自动自发地遵守规则，互信互惠；而这，正标志了国家道德教育的成功。

信任

一名新西兰籍的朋友保罗，每年携妻带子出国度假两次。他精打细算地告诉我：

"度假的费用，都是别人支付的，我不但分文未出，而且，度假回来，还有余额可供储存哪！"

原来他那幢四房一厅的独立式洋楼，坐落于北岛奥克兰的旅游胜地，树影婆娑、浪涛拍岸。每年到了旅游季节，旅馆爆满，住宿供不应求，他便利用这个大好时机，在报上刊登广告，将屋子短期出租给游客，而在房子出租期间，他举家外出度假。

这样的安排，意味着在长达几周的时间里，他"毫不设防"地把设备齐全的屋子整个地交给租房的陌生人。

我惊诧地问道：

"你难道不担心度假回来后，屋子里的东西被搬迁一空吗？"

他气定神闲地应：

"我与租户的协定，是建立在彼此的信任上的。老实说吧，多年以来，我这样的安排，从来不曾出错。有一回，一个女士不小心打破了我家里的一只杯子，还赔了五元给我呢！"

有时，保罗也和新西兰南岛的陌生人交换屋子，以作短期度假之用；当然，这种"互惠"计划，也是建立在彼此信任的基础上的。

保罗说得好：

"我外出度假，与其让屋子一无是用地空置着，倒不如租赁给人，做宗确保盈利的'无本'生意。"

这样的安排，的确是有百利而无一弊的，可是，如果社会里缺乏了那种令人安心的"信任"，行得通吗？

平时，到一些经济与教育取得平衡发展的国家旅行，最触动我的，就是人与人之间那种坚如磐石的信任。

卖报纸，不必报童，只在大沓报纸旁边放个收钱的铁箱；乘搭公共汽车，不必售票员，只在车尾设个收银箱；贩卖水果，园主只要把水果搁在面向大街的木桌上，标明价钱，无人看守，谁取，谁给钱。

无需监视、不必罚款、不设规条，却人人自动自发地遵守规则，互信互惠。而这，正标志了国家道德教育的成功。

屋主将自己的房子短期出租给陌生的游客，讲求的是人与人之间的信任与尊重。而这，又是和国民的良好素质息息相关的。国民的修养，则是国家在品德教育上长期熏陶形成的。

让人心情沉重的是，有些微不足道的小东西，竟然是他们心中可望而不可即的"奢侈品"！

你有原子笔吗？

一直无法忘记陶琦告诉我的这则小故事。

陶琦是上海姑娘，到古巴去寻求商机。在哈瓦那一个聚会上，邂逅了一名古巴男子，两人一见钟情。恋爱成熟后，男友带她回家见父母，当时，是傍晚六时许。她一心以为会在男方家里用餐，可是，大家谈到朦胧的暮色变成浓黑的夜色了，男友家里都没有开饭的意思，她饥肠辘辘，实在忍受不了，只好匆匆告辞，赶去街边的摊子，买了个面包，囫囵吞下，压住腹中熊熊饥火。

事后，她才知道，在物资极端匮乏的古巴，和大部分捉襟见肘的家庭一样，男友的父母，无法拿出款待客人的食物。

第二次再受邀到男友的家时，男友要求她做个蛋炒饭让父母解解馋。她打开冰箱，里面只有一碗米饭和三粒鸡蛋。她全都拿了出来，但是，男友却一脸难色地说："你只能用一粒蛋，另外两粒蛋，我爹娘必须留着慢慢吃。"

男友语气的艰涩，是她心上的一块砖。

读过一部书，记述了古巴革命前辈卡斯特罗的一段经历；童年时，他寄居于别人的家庭，每天都吃不饱，可是，当年的他，竟然不知道，这种胃囊发痛的感觉，是一种饥饿的感觉。

时至今日，粮食不足，依然是古巴人民面对的大问题。有人指出，在古巴，尽管大家都吃不饱，可大家都有饭吃，绝对不会有人饿死。然而，另一方面，物资的欠缺，却使古巴人的精神永远处在"饥饿"的状况中。

让人心情沉重的是，有些微不足道的小东西，竟然是他们心中可望而不可即的"奢侈品"！

在古巴各大城市旅行时，大街小巷素不相识的成人与小孩，看到我们，常常会问："你们有原子笔吗？"

在哈瓦那，有一回，坐在公园里享受满眼绿意和徐来清风时，有一名男子以流畅的英语搭讪，他是大学讲师，兼通英文和西班牙文，学识渊博，谈起古巴的历史如数家珍，而对于古巴当前的形势，也准确地做了精辟的分析，他斩钉截铁地说："只有美国解除了对古巴的制裁，古巴才能看到未来的曙光！"大家谈了一个小时后，愉快地握手道别，这位极具学者风度的大学讲师忽然说道："你有原子笔吗?给我一支,好吗?"我错愕地望着他,早晨温柔的阳光落在他满头华发上,泛出了一圈圈银色的亮泽,庄严而庄重,可是,他的眸子却装满了迫切的期盼,期盼我能给他一支原子笔。

到博物馆去参观,知识丰富的讲解员使尽浑身解数,把古巴的历史说得头头是道,引人入胜。参观完毕,翘起拇指称赞他,他露出了腼腆的笑容,问:"你有原子笔吗?"

在手工艺品市集上,有个摊主,指着日胜插在口袋里那支四色的原子笔,像口渴的人看到甘霖般,满眼饥色地说:"给我,好吗?我的妻子是教师,她需要!"日胜说:"我就只有一支而已,自己要用啊,怎么给你呢?"

他以为这是托辞,竟拿起了摊子上的一件纪念品,说:"换,和你交换!"

许多时候,乘搭计程车,下车时,司机也会问:"你有原子笔吗?"

如今,我已回返国门,可是,一拿起原子笔,我的眼前,便会浮出一双双满是渴望的眸子。

啊,原子笔,想买时随意便可以买得到,想用时随时都可以取来用,原来竟也是一种幸福呵!

小·启示

　　原子笔对于我们来说，是稀松平常的。然而，在物资匮乏的古巴，却求而不得。生活在国泰民安、风调雨顺的国度里，我们要啥有啥。这样的富足与繁荣，不是人人唾手可得的，我们应该感恩、惜福。

亲爱的，我们相信，马蹄铁是好运气
的象征。

马蹄铁

在大雪初降的冬季里，我到澳大利亚一家农场住了好几天。

农场主人伊丽莎白原本在悉尼担任教职，厌倦了大都市喧嚣紧张的生活，放弃教职，移居南部海岛塔斯曼尼亚，买了一大块地皮，养牛、养羊、养马；种菜、种花、种果树，过着朴实的畜牧与农耕生活。

她以自豪的语气告诉我，她在农场里为残障人士开办了一个"骑马训练班"。

"他们身有残障，又怎能骑马呢？"我好奇地问道。

"训练呀！"她微笑地答道，"我训练断手的人以单臂骑马，缺臂的人以双足控制缰绳。"

自卑与自怜，往往是残障人士与外界打交道的两大障碍，然而，灵性高的动物，却能够很好地帮助他们克服这两大障碍。遗憾的是，肢体的残缺偏偏又使他们无法接近与亲近动物，他们因此长期处于自我封闭的状态中，久而久之，心灵便在极端的寂寞中枯萎了。

伊丽莎白兴致勃勃地指出，经过长时期耐心的训练后，这些手足残缺的人，都能够在马背上充分地享受驰骋草原的大乐趣，最重要的是，他们从中找到了自信与自尊。

"有一个男孩子，天生缺臂。他性情孤僻、脾气暴躁，活脱脱是一只刺猬，任何人一走近他，便会给他刺得浑身疼痛。然而，自从参加了训练班以后，他身上的刺，便一根根地掉落了。他给心爱的马取了个名字，称它为'吾臂'（My Arm）。从这个名字，你便晓得，他从马那儿得到了他最想要的东西，而这个东西的另外一个名字便是'快乐'。去年夏天，他在残障人士骑马比赛中鳌头独占，啊，他脸上的笑容，灿烂得仿佛是拥有了整个世界！"

时值冬天，我无缘一睹残障人士骑马作乐的情景，但是，伊丽莎白眉飞色舞的叙述，却在我脑海里绘出了一幅永不褪色的图画！

临别时，她将一块沉甸甸的马蹄铁放到我掌心里，说：

"亲爱的，我们相信，马蹄铁是好运气的象征。"说着，在我颊上吻了一下，"我希望你永远幸福，也永远快乐！"

这块马蹄铁，我视如瑰宝。

马蹄铁上，<u>盈盈地立着一个爱的影子</u>。

小·启示

　　残障人士通常是自卑而又自闭的，善心人士在向他们伸出援手时，必须先帮助他们重建自尊与自信。文中的农场主人以骑马训练的方式为他们开启了"希望之窗"，这样的做法值得大家效仿。

每一个人的内心深处，都有一个很软
弱的地方。

软弱

　　参观巴西的毒蛇研究所，负责人取出了一条不断蠕动着的斑
斓大蛇，言明毒腺已去，访客可以随意把玩。人人大声惊叫，纷
纷退避。可我一点儿也不怕，恣意让大蛇盘坐在头顶、缠在腰
际、爬在双臂，尽情戏耍。大蛇与肌肤相触，又凉又滑，好像披
着一条以水织成的围巾。

　　其他访客脸露钦佩之色，戏称我是"巾帼英雄"。然而，在
众人眼中勇气可嘉的我，一碰上小小的蟑螂，那种魂飞魄散的窝
囊劲儿，任谁看了也为我感到汗颜。爬在地上的，我怕；飞在空
中的，更怕。不论大小黑褐肥瘦雌雄老幼，只要是蟑螂，都能不
费吹灰之力便吞掉我整粒胆。

　　印象里最尴尬而又最惊怵的一次经验是，驾车外出，半途车

厢突然窜出了一只肥硕无比的蟑螂，在我眼前耀武扬威地飞来飞去，我脸青唇白，尖声叫嚷，顾不得公路安全，来了个紧急刹车，狼狈万分地逃出车外，只差没有高喊"救命"而已。

记忆里，藏了一桩即使化了灰也依然清晰记得的丑恶事件。

就读小学时，一个深知我有"蟑螂恐惧症"的小学同窗，把一只活生生的蟑螂装在小盒子里，带到学校来。记得那堂是我最喜欢的语文课，我聚精会神地听课，正当老师转身在黑板上写字时，那个同学以迅雷不及掩耳的速度，拉起我颈后的衣领，恶作剧地把蟑螂放了进去。当蟑螂在我衣服里乱窜乱爬时，我的胆，立马裂成了碎片。我从座位上跳了起来，浑身发冷、双脚发软，心房狂跳，犹如白天见鬼。就在众目睽睽之下，我失态地放声大哭，几乎把屋顶都哭塌了。

这件事发生后，我一直不能原谅她。直到小学毕业，都未曾再和她说过一言半语。

每一个人的内心深处，都有一个很软弱的地方。

这个地方，也许藏着某种恐惧、某个阴影；也许烙着某种创伤、某个疤痕；也许有着某种悲哀、某个痛苦。尊重它，让它静静地存在，不要去弄它、揭它、挑它。这样一来，你不但保住了双方的友谊，保住了对方的尊严，也保住了自己的人格。

每个人的心中都有一个阴影，它可能是某种恐惧，某个隐私，某道疤痕，我们一定要学会尊重别人内心的这个角落，不去揭它，不去触它，不去笑它，而这，也就等于尊重了自己的人格。

这独特的老妪，已形成了一个特殊的景观。或者，更正确地说，她是闹市里一片悠闲的风景。

悠闲的风景

每每回到荷兰村去办事，总爱驻足看这老妪。

灰灰白白的头发直直地垂在双耳旁，毫无韵致却又梳得有条不紊。穿着洗涤得干干净净的白色上衣，配着宽宽松松的黑色阔脚长裤。大大的脚，四平八稳地套在一双土里土气的黑色布鞋里，当她坐着时，裤脚扯高，旁人便清清楚楚地看到那双不合时宜的厚质白袜，像从古老相框里飘出的一个善良的幽灵。

每天下午，风雨不改，坐在人来人往的走廊上，卖麦芽糖。浓腻的麦芽糖，盛放在一个小小的铁皮桶里，有人买时，她便利落地掀开桶盖，以竹签卷起一小团灿烂的金光，然后，眯着含笑的眸子，递给顾客。没有生意时，她便拿起一个小小的摇铃，摇呀摇的，在纷纷扬扬地坠落四处的清脆铃声里，怡然自得地微笑。

年过七旬而依然得在街上抛头露面地做这不起眼的小买卖，老妪肯定有难言之隐，但是，她坦坦荡荡地挂在脸上的那种乐天知命的恬然，却又使你不得不相信，自食其力的她，活得自在而又快乐。

在热闹的荷兰村里，这独特的老妪，已形成了一个特殊的景观。或者，更正确地说，她是闹市里一片悠闲的风景。

极甜而又极黏的麦芽糖，并不适合现代年轻人的口味，然而，奇怪的是，少女们总爱光顾她。我想，她们想要买的，也许不是麦芽糖，而是老妪脸上那一份亲切犹如家中老奶奶的笑容。有时，看到三四个少女围着她，她在笑，她们也在笑，老妪那种历尽沧桑的笑和女孩们那种不谙世事的笑，毫不协调地交织在一起，让人仿佛看到了人生的河流就在眼前赤裸裸地流过去、流过去……你也许感慨，你也许惊心，但是，你不得不承认，这就是真真实实的人生。

小·启示

　　在闹市中卖麦芽糖的老妪，虽然境遇不好，但是，自食其力的她，却是安恬自在而又豁达乐观的。老妪教会了我们，纵是命运多舛，我们依然还是可以为自己绘出一幅美丽的风景画的。

他对不起鸽子，所以，天天来这里和它们说对不起。

老人与鸽子

这天傍晚，逛累了，信步走到康格尔士广场歇息。

这个广场，位于阿根廷首都布宜诺斯艾利斯。广场上，矗立着气派万千的铜雕，神气活现的武士，骑在奔腾的骏马上，威风凛凛。可是，这威猛的武士，却无法慑服广场上多如繁星的白鸽，它们闲适自在地飞来飞去、走来走去；时而亲昵地坐在武士肩上，时而顽皮地啄啄马儿的鼻子，鸠占鹊巢地把宽敞的广场当成了自己温暖的家。

卖鸽食的摊贩已经开始做生意了，我买了一包玉米粒，撒落在地上。馋嘴的鸽子立刻从四方八面麇集于此，黑压压的一大片，在我脚下津津有味地啄食。瞧它们那种心安理得的吃相，仿佛长久以来就是受我饲养的；有一两只猴急的鸽子误啄我的脚趾，很痛，但却也让我感受到了鸽子强劲的生命力。

这时，一名头已半秃的老人踽踽地向广场走来。他买了一包鸽食，走向鸽群。鸽子纷纷飞扑到他那儿，有的立在他肩膀上，有的在他的手臂上排排坐。他以枯瘦多皱的手抓了一把金黄色的玉米粒，放进自己嘴里去，正当我大感愕然之际，却见他用手轻轻地把一只鸽子揽进怀里，然后，以母鸟哺育雏鸟的方式，把玉米粒经由干瘪的唇递送到鸽子尖细的喙里。他眼皮松弛的眸子，蕴含着柔和的笑意；夕阳艳丽的余晖薄薄地撒满了他一身，蔚成了一幅动人的画——画中，人和鸟，正以一种超越语言的亲密方式进行交流，叫人不由自主地想到爱、和谐、平等。

他以同样的方式，喂完了一只，再喂一只，又喂一只。

我静静地看，默默地感动，悄悄地用相机把这一幕定格为永恒。

老人喂完鸽子后，步履蹒跚地消失于广场的尽头。他的格子衬衫，一半塞在裤子内，一半落在裤子外。他的外表，是这样的邋遢，但是，油腻的衬衫底下，却跳跃着一颗充满爱的心。此刻，在我眼中，他彳亍的身影，再也不伶仃了。反之，那背影，是宽厚而又宽阔的。

我的鸽食喂完了，再度走向摊贩。

摊贩是个年轻小伙子，厚厚的嘴唇，裹着肥肥的笑意。他指了指我的相机，说："给我拍一张，好吗？"我说，"没问题呀！"他双手捧着一大把金黄色的玉米粒，露出了富翁般的笑容。我连续为他拍了好几张，他心情极好，话也多了起来：

"刚才那个老人，你好像也为他拍了好些照片吧？"

"是呀！"我微笑着应道，"很有爱心的一个人！"

"爱心？"

不知怎的，他竟噗嗤一声笑了出来，我狐疑地抬头看他。

"哈哈哈，"他边笑边说，"他对不起鸽子，所以，天天来这里和它们说对不起。"

"什么意思？"

在这一刻，我几乎怀疑眼前这个年轻人脑子出了问题了。

没有想到，他却以手朝远处指了指，说：

"他在那边一家中餐馆当厨师，拿手好菜是烧烤鸽子！"

暮色来得很快，只一忽儿，原来七彩缤纷的天幕便像错放了染料一样，幽幽地黑了下来，就像是我那颗突然地黯淡下来的心……

小·启示

　　我们表面所看到的现象，有时可能是有误导性的，难以尽信。要探悉事情的真相，我们应该积极深入表象的内层。

帽子里伶仃地躺着的那几个寂寞的小钱币，在骤来的寒气里，可怜兮兮地紧紧相挨。

父子俩

维拉蒂玛是智利西岸一个玲珑精致的滨海小城。绮丽旖旎的风景，加上夏暖冬不寒的宜人气候，使它成了游客度假的天堂，它也是智利有闲阶级的避暑胜地。

有个傍晚，我到闻名遐迩的中央广场去逛。

广场中央，人潮密密麻麻地围成了一堵墙。挤进去看，啊，有一老一小正热热闹闹地在跳舞呢！

老的约莫四十岁，小的七八岁，他们外貌酷似，一看便知道是父子。

吸引观众注意力的，是他们身上的装备和独特的表演方式。

两个人，都背着鼓，老的背大鼓，少的背小鼓。锣鼓上面，装置了一对钹。钹子系了细细的绳子，绳子的另一端，就绑在足踝上，随着双足的一张一合，钹子也一开一关地发出了富于节奏的声响。

父子俩拿着鼓槌，灵活地把双手反扣到背后，击鼓。然后，足动，钹声响；鼓声与钹声，在一片喧哗的热闹里，努力寻求和谐与统一。

鼓越击越快，钹愈碰愈响，父子二人，也越跳越起劲。

他们同样穿着黑色的紧身衣裤，裤子缀着闪闪发亮的星状物。

只见他们双足跳跃、原地旋转、跪地屈行、单足飞转，动作变幻不定而舞步轻巧如风。当他们忘我地舞动着时，裤子上的星状物也得意地"释放"出灿烂的晶光，闪闪烁烁、明明灭灭，好似飞绕一地的萤火虫。

令人觉得不可思议的是，当他们出动了十八般武艺跳出了各种高难度的舞步时，他们身上背着的巨鼓与大钹非但没有给他们造成任何的障碍，反而奇妙地与他们融合成一个美丽的整体。更令人拍案叫绝的是，当他们手舞足蹈时，鼓声和钹声，丝毫不显凌乱，配合得天衣无缝。

正当众人看得如痴如醉时，父子俩突然戏剧性地放出了一个"休止符"——鼓声、钹声、动作、舞步，全都戛然而止。

这时，我才突然惊觉广场已被霏霏细雨笼罩了。

父子二人，各自从地上拿起一顶帽子，反过来，当作钱钵，向围着他们那一堵密不透风的人墙走去。然而，这一道看起来坚固结实的人墙，居然在顷刻间"土崩瓦塌"——那两顶用来讨钱的帽子，好似"艾滋病"的病毒，快速地把众人驱散了。帽子里伶仃地躺着的那几个寂寞的小钱币，在骤来的寒气里，可怜兮兮地紧紧相挨。

父与子，眼神淡漠地对看了一下，好似得着了默契，一起把帽子放在地上，又鼓钹齐响地大跳特跳起来。

雨势越来越大，豆大的雨点掉落在他们脸上，他们毫不在乎地咧着嘴，笑着，舞着，快速地旋转的身子，在蒙蒙的雨帘里，化成了两团模糊的影子……

小·启示

父子俩在街头联手献艺，使尽浑身解数释放快乐的音符，但围观者多，赏钱者少。他们罔顾外在环境的冷漠，依然持续地表演不辍，从而展现了街头艺人坚毅的性格和不易被残酷现实打倒的精神。

男孩站了起来，冷漠的眸子，很亮很亮地罩在一层很薄很薄的泪光里。

泪光

这个动人的小故事，是一位姓谭的中学校长告诉我的。

该校一名学生，染上抽烟恶习，身体常常缠着恶臭的烟味。老师初而婉言相劝，继而厉声责骂，他充耳不闻、我行我素。有时，甚至摆出一副流氓的样子，插着腰，粗声粗气地向老师提出"挑战"：

"抽烟？你说我抽烟？证据呢？拿出证据来呀！"说着，把左右两边裤袋由内而外地翻了出来，凶神恶煞地喊道，"来，来搜呀，看看能不能找到一根烟丝！"

一日，他躲在厕所吞云吐雾，被逮个正着。

校方决定施以鞭刑。

当时，年关将近，到处都洋溢着欢腾的喜气。这名学生，居然斗胆要求校长延期执行。

校长宽容地答应了。

春节过后不久，他如期出现于校长室里，冷冷地说：

"要打，现在就打个够吧！"

办公室内，挂着几根粗粗细细、长长短短的藤鞭。校长一言不发地取下了最粗的那一根，猛力挥了挥，藤鞭"嘶嘶"地在半空中发出了裂帛般的恐怖声响。在空气也凝结了的肃穆里，这名自诩"天不怕、地不怕"的学生，脸上竟然难以遏制地闪出了心悸的青光。遵从嘱咐而将上半身趴在桌面上时，他身体僵硬如石，手脚也难以控制地簌簌抖着。

校长举起了粗大的藤鞭，自上而下，狠狠地、凌厉万分地挥落下来，但是，藤鞭在离开他臀部仅仅几寸的距离里，力道却刻意地放轻了。结果，鞭影过处，好似一阵无关痛痒的，轻轻地掠过的风。

学生惊愕万分地抬起头来，看校长。

校长和颜悦色地说道：

"今天，你遵守了诺言，主动找我执行鞭刑，表示你有悔过之心。对于有心悔过的人，我的惩罚，往往只需点到为止。好，现在，你回去吧！"

男孩站了起来，冷漠的眸子，很亮很亮地罩在一层很薄很薄的泪光里。

这是另一种"爱的教育"。

有时斟酌情况，额外开恩，比硬生生地按照规则办事，更能感化顽劣的心。

当你"自我践踏"地把日子看成是破铜烂铁时，你的日子，当然也就是锈渍斑斑的。然而，如果你"慎而重之"地把岁月视为金银珠宝时，那么，你所拥有的每个日子，都是晶光灿烂的。

烂铁与珠宝

一对年过六旬的夫妇，在退休后，为了屋子问题产生歧见而时起勃豀。

妻子想要大肆装修破落陈旧的老屋，丈夫执意不肯。

丈夫意兴阑珊地说：

"我们都已白发苍苍了，大兴土木，耗时费事，最多也只能住上区区的一二十年，何苦呢？"

妻子据理力争：

"正因为只剩下寥寥的一二十年，我才要把屋子弄得漂漂亮亮的，让每一个日子都过得舒舒服服的！"

他们的对话，让我不期而然地想起了曾在《读者文摘》上读及的两句话：

"悲观者提醒我们百合属于洋葱科，乐观者则认为洋葱属于百合科。"

当你"自我践踏"地把日子看成是破铜烂铁时，你的日子，当然也就是锈渍斑斑的。然而，如果你"慎而重之"地把岁月视为金银珠宝时，那么，你所拥有的每个日子，都是晶光灿烂的。

上述那对夫妇，拥有截然不同的人生观。丈夫将晚年看成是残余的岁月，得过且过，没有目标，没有憧憬；有的，只是消极的等待，等待那个"永远的约会"悄悄降临。然而，妻子呢，却把黄昏岁月看作是人生另一个阶段的开始，她要充分地利用，尽情地享受。可以预见的是，她的日子，每一天都是熠熠生光的。

夕阳无限好，黄昏又何妨！

我们内在的思维，往往能够左右我们的实质生活。

且让我复述一个听来的故事加以说明吧！

有个老妇人，育有两个儿子，长子以卖伞为生，次子呢，开染坊。天气晴朗时，她担心老大的雨伞卖不出去而愁眉苦脸；刮风下雨时，她又担忧老二的布晒不干而忧心忡忡，所以，不论晴天或雨天，她都双眉紧蹙，唉声叹气。后来，她的邻居劝她换个新的角度来看待事情："如果老天不作美，你老大的雨伞便有好销路了；如果老天放晴呢，你老二的布不消片刻全都晒得干干透透了；所以说嘛，不管日晒、雨淋，你都会有一个儿子受惠，你又有什么好担忧的呢？"老妇人经人指点后，拐个小弯儿来思考，果然便快乐了起来，以后，不论晴天雨天，总是笑眯眯的。

小·启示

　　内在思维的走向，不但能左右我们的心情，而且，是事情成败的关键。

我痴痴地看，感觉这萝卜实在没有辜负它的美名。心里美，它着实美得斑斓、美得离奇。

心里美

在北京逛菜市，时常看到一种外皮暗青、硕长肥圆的瓜。

朋友笑道：这不是瓜呀，它们是北京的特产萝卜，唤作"心里美"。

心里美？

我忍俊不禁，呵呵呵，它外表老土，所以不得不强调"内在美"？老实说吧，看到这相貌比刘姥姥更乡气的萝卜，我实在难以相信它会有令人惊喜的"内在世界"。

过了不久，在餐桌上和它相见。作为盘饰的萝卜，被巧妙地雕成了一朵栩栩如生的莲花。乍一看，呼吸在瞬间屏住。惊艳啊！让人喝彩的，不是精巧的雕工，而是萝卜的本身——艳艳的红色，鲜丽而不刺目，瑰丽而不伧俗。妙不可言的是，同一根萝卜，色泽不一，淡红、暗红、深红、鲜红、大红，深深浅浅而又浅浅深深，参差错落、跌宕有致。

我痴痴地看，感觉这萝卜实在没有辜负它的美名。心里美，它着实美得斑斓，美得离奇。

吃它。

脆，清甜、微辣；它是餐前的开胃品、佐餐的调剂品、餐后的解腻品。北京人最爱生吃它，有时，也将它与生菜一起凉拌。

好友白舒荣告诉我，这萝卜不但可口，还保健哪！冬天，每家每户都大量地储存。她随口吟起了两句流行于北京的俏皮话：

"生吃萝卜多喝茶，吓得大夫满街爬。"

我把那一大朵生雕萝卜花吃完后，口腔芳馥清新，好像刚刚喷过了芳香剂。

第二盘菜端上来，作为盘饰的"心里美"，化身为一对缠绵缱绻的"戏水鸳鸯"。哎哟，这对鸳鸯，好似穿上了一袭深红与浅红交织而成的衣裳，风情万种！

不舍得吃它，满心欢喜地捎回家去。

男人娶妻，应该从"心里美"这萝卜取得启示。

小·启示

　　我们应该有更多的智慧与耐心去发掘他人内在世界的斑斓。

> 三千烦恼丝，乖巧听话地站得直直的，好像是一群毕恭毕敬地等待检阅的士兵。

沙漠洗头记

到突尼斯中部的沙漠区马特马塔住了几天，头发吸沙粘尘，既脏又痒。

一日，在一个小镇里，颇为意外地看到一家洗头店。简陋的店面，摆了两张大椅子，墙上像模像样地挂着吹风筒。

大喜过望，扑了进去。

瘦巴巴的男性发型师招呼我坐下，之后，施施然地走到店后去；少顷，提着一个青色的塑料桶出来，桶里发出了"晃荡、晃荡"的声响，里面盛着小半桶水。

他把手伸进桶内，沾湿了，再小心翼翼地抹在我头发上，这情况，不像是洗头，倒像在镀金。如此反反复复地进行了许多次，才勉强把我的头发全都弄湿了。

接着，他从一个圆筒状的容器里挤出一堆粉红色的液状物，揉进我头发内，两只粗粗大大的手掌，恣意在我头上揉来揉去。

正当满头发丝被那不知名的液体弄得黏糊糊时，我赫然看到他拿起吹风筒和卷发的梳子。

我赶紧问道："水呢，怎么不洗头呢？"

他一脸惊讶地反问我："刚才不是已经洗过了吗？"

我拉了拉黏答答的头发，又问："这些洗头剂，不先清洗，怎么梳卷？"

他若无其事地答道："这是液状发胶，不是洗头剂！"

天啊！我叫苦不迭。

上了发胶的头发，又黏又硬。这时，他出尽全力，用梳子又拉又卷，我痛得龇牙咧嘴，他视而不见（或者是假装看不见）；偏偏这时一群邋遢而又嚣张的苍蝇，落井下石地朝我额头、脸颊和下巴乱叮，我忙忙碌碌地赶苍蝇，噼噼啪啪地打苍蝇，一时竟忘了头发硬生生被拉，被扯的痛楚。

终于，弄好了。

他伫立一旁，露出一种等待赞美的神情。

我用力挥手把顽强地停驻耳郭上的那两只苍蝇赶掉，抬头往镜子一看，忍不住大笑起来，哈哈哈，哈哈哈，笑得几乎岔气！

此刻，三千烦恼丝，乖巧听话地站得直直的，好像是一群毕恭毕敬地等待检阅的士兵。

唉，身在沙漠，居然奢望享受洗头的乐趣，除了怪自己异想天开之外，还能怪谁呢？

　　没有搞清楚环境而又没有摸清形势，奢望不可能的东西，吃了亏，是咎由自取。

这满满一池的荷花，明明知道自己是养荷人眼中全无经济价值的点缀品，可是，它不自怜、不自弃、不自卑，倾尽全力，以最完美的方式演绎自己丰美的一生。

惊艳那荷

来到了柬埔寨一个风光旖旎的小镇，车子一停下，村童和村妇便蜂拥而上，手上满满地捧着翠绿如玉的莲蓬。

啊，莲蓬！暌违已久的莲蓬！

欢喜，像大片浪花，从心底深处翻涌而出。

付了一千瑞尔（折合新币五角），换来六个硕大鲜嫩的莲蓬，童年在怡保三宝洞吃莲子的美丽记忆，似决堤洪水，"哗啦哗啦"地流泻到眼前来。

外表洁白无瑕的莲子，藏着阴险苦涩的莲心，小时吃莲子，不慎咬到莲心，总呼天抢地；成长以后，我才知道，真正可怕的，其实是貌似莲子而胸藏"莲心"的人。

一路北上，触目所见，尽是荷塘、荷塘、荷塘。

这些荷塘，全都是以人工挖掘而成的；荷塘后方，是一所所简陋不堪的茅屋。

很显然的，柬埔寨人养荷，志不在培育自然景观，纯粹只是以经济的收益为目的；换言之，荷花仅仅是可有可无的点缀，莲蓬才是"重点栽培"的对象。

由于荷花生长的速度快慢不一，因此，每个荷塘所呈现的景观也截然不同。

有些荷塘，叶枯花凋，莲蓬采尽了，流现一片萎蔫的颓败气息。然而，大部分的荷塘，仍然有荷，唯数目不多。

荷塘恹恹老去，可荷花却不肯老、不愿老。它们安静地、专注地、坚韧地绽放着，没有孤芳自赏的狂傲，仅仅以一种自信的丰采、一种婉约的绚丽，不着痕迹地、温柔含蓄地击破夏天的沉闷与单调。

车子继续北上，途经一个面积极大的荷池，那种骤然冒现的美，让我霎时屏住了呼吸。

荷叶半枯，浑浊的池水上方，风情万种地浮荡着千万个粉红的笑靥。茎很细，花不胖，一朵一朵荷，俏生生的，丰实而浪漫，欢喜而自在。

啊，这满满一池的荷花，明明知道自己是养荷人眼中全无经济价值的点缀品，可是，它不自怜、不自弃、不自卑，倾尽全力，以最完美的方式演绎自己丰美的一生。

荷花，懂得"自重"之道，所以，活得出色。

小·启示

世人可以看不起你，唯有你自己，绝对不能低看自己。

有了自重，才能有自信；有了自信，才能释放精彩。

经历了许多宗"不合情理"的事情以后，我才豁然开窍了，嘿嘿嘿，原来保加利亚人的"摇头"，就相当于我们的"颔首"啊！

误解

在保加利亚旅行，最令我苦恼的是资料的匮乏。当地旅游促进局所印发的宣传册子，多以保加利亚文撰写，而当地人沟通的习惯又和我们迥然而异，因此，造成了许多可笑又可气的误会。

说说几则趣事。

由首都索非亚乘搭火车到中部大城大特尔诺沃去，为了确保自己没有搭错，上了火车后，便问坐在对面的乘客："这趟车，是去大特尔诺沃的吗？"

他使劲摇头。

我的心，差点跳出了胸膛，哎哟，搭错车了！跌跌撞撞地拖着行李下车去，一边走着时，一边又向其他的乘客核查，人人都摇头，摇头，再摇头。

从火车上跳下来，心里忍不住想道：小心驶得万年船，幸好我们抱持慎重的态度，一再查问，才不至于搭错火车、去错地方！

看到月台上身穿制服的职员，赶快求询："去大特尔诺沃的火车，是在哪一号月台？"

他的手，直直指向刚才我以为"上错车"的那个月台。这时，距离火车开行，还有十分钟，我三步并两步地扑向告示牌，仔细一看，咦，没错嘛，我刚才的确没搭错嘛！我忖测：火车上那些搭客，也许是没听清楚我的问话吧？

重新搭上同一列火车。

到了大特尔诺沃，在一家商店里看中了一袭紫色的长裙，问售货员：

"我可以试穿吗？"

她的头，摇得好像拨浪鼓一样，我只好怏怏然地把裙子挂回去。然而，转身离开时，却看到她满脸疑惑。

慢慢地，经历了许多宗"不合情理"的事情以后，我才豁然开窍了，嘿嘿嘿，原来保加利亚人的"摇头"，就相当于我们的"颔首"啊！

虽然明白了，可是，心理一时调整不过来，在潜意识里，还是常常"误解"对方的意思。比方说，到旅舍去问："有空房吗？"对方一摇头，我们拔脚便走，可才走了几步，便"恍然醒悟"笑嘻嘻地往回走。到歌剧院去预订歌舞表演的票子，对方一摇头，我便想另觅消遣，然而，一瞬间我却又惊喜地知道，我们晚上的节目有着落了呀！

旅行，着实是自我教育最好的途径啊！

小·启示

旅行，能使一颗颗原本陌生的心灵接近、靠拢，从而减少误解，增加了解。

当他们以虔诚的表情一颗一颗专注地点算荔枝时，其实是在以一种无言而庄严的方式，给予农夫、大地和大自然以至高无上的赞美。

至高的赞美

十二月的毛里求斯，惊人的艳丽。

正是荔枝成熟的季节，铺天盖地的荔枝，肆无忌惮地释放出红彤彤的色泽，艳得眸子全然招架不住；走在街上，连衣衫都像是着火了。

在我下榻的旅舍旁，有人在路边摆卖荔枝。一束束连枝带叶的荔枝坐在圆大的竹篓里，精神奕奕；它们不知道自己已经被摘下来了，还露着伫立枝头那种娇丽的笑靥。

趋前问一个摊贩："荔枝一公斤多少钱？"

他睐了睐我，反问道："你是指荔枝一颗多少钱，是吗？"

我笑了起来，哎呀，有谁会买一颗荔枝呢？这年轻人，也太会搞笑了！明确地告诉他，我要买一公斤。

万万没有想到，他竟然摇头说道：

"荔枝是论颗出售的，一颗一个卢比，十颗十个卢比。"（一卢比折合新币七分钱）。

嘿，这人，知道我是游客，分明把我当作砧板上的肥羊了。反正钱在我手里，我不肯上当受骗，他也莫奈我何啊！

我快步走开了。

到水果集市去，那简直就是一个红色的大海洋啊！几乎每一个摊子，卖的都是荔枝、荔枝、荔枝。再次向摊贩问价，得到的答复，竟然是一模一样的："一颗一卢比。"嗳，我这才知道，论颗出售，果真是毛里求斯卖荔枝的独特方式啊！

这样滑稽的买卖方式，着实令我忍俊不禁。

由于竞争性强，其中一个摊贩大方地给予我优惠，十颗只算九卢比。我对他说，我要五十颗。他从摊子上拿起了一束荔枝，高高地举起来，仰着头，伸出食指，一丝不苟地算了起来：

"一、二、三、四、五、六、七、八、九……"

早晨有风，风很温柔，丰满的阳光借助风势快乐地滑落在他脸上，而他，不受干扰，依然心无旁骛地、一五一十地算着，算着……

我看着、看着，心弦突然很温柔地被牵动了。

毛里求斯的摊贩在售卖荔枝时，不用秤、不用磅，不以公斤论，不以磅数称，他们用手算，用心计。卖一颗算一颗。每一颗，都是农夫辛苦耕耘的血汗结晶；每一颗，都是大地奉献给人类的无私礼物；每一颗，都是大自然幻化出来的神奇果实。当他们以虔诚的表情一颗一颗专注地点算荔枝时，其实是在以一种无言而庄严的方式，给予农夫、大地和大自然以至高无上的赞美；与此同时，他们也在提醒我们：农作物，颗颗皆辛苦，所以，一定要好好珍惜每一颗递送到我们手上来不啻拱璧的荔枝啊！

小·启示

毛里求斯摊贩售卖荔枝奇特的方式，让我们对唐朝诗人李绅的诗《悯农》有了更深刻的领悟："锄禾日当午，汗滴禾下土，谁知盘中餐，粒粒皆辛苦。"

我们不必留恋过去的辉煌，我们更不必为已逝的光辉所羁绊，可是，对于国民来说，"认识与尊重"却是最起码的要求。

梭罗河

刚下过一场雨，通向梭罗河的那一条小路，湿漉漉的，泥泞不堪。有个以茅草和木板搭成的小茶摊，因陋就简地立在离河畔不远的地方，没有生意，摊主意兴阑珊地看着雨后无精打采的天空发呆。

沿着泥路走了短短一两分钟，便看到了那一道我不远千里前来寻访的河流。

驰名世界的梭罗河（Bengawan Solo）。

河床长而不宽，浊黄的河水，以一种被遗忘了的颓败和不甘没落的悲壮，苍凉而又湍急地流着、流着……无力的阳光，斑斑驳驳地碎在河面上。

就在这一刻，我的耳边，清晰地响起了那阕旋律优美的歌曲：

"美丽的梭罗河，我为你歌唱！你的光荣历史，我永
远记在心里。旱季来临，你轻轻流淌；雨季时波涛滚滚，你
流向远方。你的源泉来自梭罗，万重山送你一路前往，滚滚
的波涛流向远方，一直流入海洋。美丽的梭罗河，我为你
歌唱！你的光荣历史，我永远记在心里。你的历史就是一只
船，商人们乘船远航在美丽的河面上。你的源泉来自梭罗，
万重山送你一路前往，滚滚的波涛流向远方，一直流入海
洋。美丽的梭罗河，我为你歌唱。"

1940年，印度尼西亚业余作曲家格桑（Gesang Martohartono）
写出了这一阕歌曲《美丽的梭罗河》，它轻快的旋律立刻俘虏了
爪哇人的心；旋踵，它像个快乐的菌，传遍全印度尼西亚。接
着，被译成多国语言，像一股吹往世界的旋风，风靡世界，成
了家喻户晓的一首歌。有人甚至指出，"梭罗河"就等于印度
尼西亚的一个符号，提起梭罗河，便让人想到印度尼西亚；而
提起印度尼西亚，人们也自然而然地想起梭罗河。《美丽的梭罗
河》这一阕曲，就好像一个隐形的"文化大使"，多年来在世界
各国穿梭来去。

许多国家，肯定会把这"契机"转成"商机"，使"梭罗
河"成为旅游业的一个亮点。

然而，此刻，站在水色浑浊而游人绝迹的梭罗河畔，我心中
却难以遏制地泛起一股悲凉的感觉。

梭罗河，在印度尼西亚，是被遗弃、被遗忘了。

记得当我把去梭罗观光的决定告诉一位住在日惹的朋友时，她立刻便说：

"梭罗那地方啊，没有什么可看的。"我飞快应道："我想去看那条遐迩闻名的梭罗河啊！"她笑了起来，说道："梭罗河只不过就是一条河而已呀！你知道吗，我是土生土长的印度尼西亚人，住在日惹已经38年了，梭罗就近在咫尺，可我从来就没有想过要去瞻仰这道河流！"我告诉她，我要看的，其实是一条曾经滋润过许多人心灵的河流，一条歌声飞扬的河流。"哦，你是说《美丽的梭罗河》这首歌呀！"她屈指算了算，又说，"这首歌，已经70岁了，太老了呀，年轻人都不喜欢，嫌它节奏太慢了。有许多小青年，甚至不知道有《美丽的梭罗河》这首曲子呢！"我吃惊地说："《美丽的梭罗河》绝对不是一首普通的歌，它曾经征服世界，是一阕老而不朽的歌呀！"她耸耸肩，说道："老而不朽，只是你一厢情愿的想法而已。现代生活，步伐那么快，有谁耐烦听这首老掉了牙而节奏慢悠悠的歌？"

在梭罗河畔伫立了半个小时，默默哀悼这条曾经辉煌而今颓败的河流，也深深哀悼曾经风华绝代而今被时代"谋杀"了的这首歌。

记不得在董桥的哪一篇散文里看过这样的一段话：

"不会怀旧的社会，注定沉闷；没有文化乡愁的心井，注定是一口枯井。"

旧文化是新文化的基石，没有旧的积累，哪来新的灿烂？没有旧的基础，哪来新的拓展？

我们不必留恋过去的辉煌，我们更不必为已逝的光辉所羁绊，可是，对于国民来说，"认识与尊重"却是最起码的要求。

身在宝山不识宝，是个世界性的问题。许多珍贵的文化资产，便在这种"一叶障目"的情况下，遗憾万分地流失了——这是值得大家深思与正视的。

月光亮晃晃，星光亮闪闪，落在晶莹的雪地上，不可思议地映照出一片光灿灿的琉璃彩光。

黑暗里的璀璨

在暗无天日的漫长冬季里，冰岛人会不会想方设法到其他国家去"避冬"呢？

十分好奇，到了冰岛，逢人便问。

问问问、问问问。

答案，全然出乎我的意料。

冰岛人，十个当中，居然有十个异常喜欢那每天24小时没有阳光只有星光的酷寒长冬。

长住首都雷克雅未克的海伦双眼发亮地说道：

"冰岛具有取用不竭的地热资源，电费非常便宜。雷克雅未克是游客的天堂，在冬天里，万户灯火亮，照出了一片煌煌的繁华热闹，置身其间，你简直就以为这里是美国的拉斯维加斯（Las Vegas）呢！"

在南部小城维克（Vik）经营小食店的史蒂文说：

"别人总误以为冬天的冰岛处处黑得伸手不见五指，实际不然。我们有月光，也有星光；月光亮晃晃，星光亮闪闪，落在晶莹的雪地上，不可思议地映照出一片光灿灿的琉璃彩光。那彩光，时而明，时而暗，时而流出波浪的形状，那种语言难以形容的美呵，只能在童话里才见得着！"

当提及北极光时，每一个冰岛人的眸子都变成了特大号的钻石，亮得唬人。

在胡萨维克（Husavik）经营民居的伊丽莎白满脸沉醉地说道："在隆冬里，当天空清朗无云时，北极光便会出现。频密时，每周大约会出现两三次；当然，有时，连续数周也缘悭一面。北极光神出鬼没。每次出现的时间，短则十来分钟，长则一两个小时。它又分静态和动态两种，静态的北极光，会把整个天空转成很亮很亮的那种青色；动态的北极光呢，就像是色彩的风暴，蓝色、青色、紫色、黄色、橙色，一道一道，交替更易，这边闪闪、那边闪闪，那种迷离的华丽啊，如同太阳般不可逼视！"

说着，拿出了画册，让我欣赏。

我一页一页地翻，哎哟，当青色的北极光出现时，偌大的天幕就变成了一块很大很大的翡翠，那种漫天流艳的珠光宝气，是能够把无辜的眸子硬生生地砸伤的；至于动态的七彩北极光呢，便像是一个绝色的女子豪放地掀动着多重荷叶边的裙子，在天空里舞出了一种令人咋舌的妖娆风情；那种勾魂摄魄的流丽光彩，那种无可抗拒的五光十色，让原本沉默的眸子都"哗哗"地发出了声音；翻阅着时，满室都是无声的喧哗。

我暗暗决定，为了这旖旎瑰丽的北极光，我一定会在冬季重来冰岛的。

一定、一定会。

在冰岛举世无双的"黑色冬季"里，户外引人入胜的大魅力是北极光；户内呢，终日与人痴缠不休的，则是静态的文字了。

雷克雅未克书店的经理凯蒂对我说道：

"冰岛阅读风气很盛，有人说冰岛的酒吧很多，但是，书店的数目比酒吧还来得多。冬天一来，书籍的销售量特别高，许多人都喜欢蜷缩在温暖的被窝里阅读。正因为这样，我们这儿的小说家和诗人特别多！大家读了书，便集体讨论、吟诵，文风炽烈。"说着，露出了自豪的微笑："在1955年荣获诺贝尔文学奖的哈尔多尔·基尔扬·拉克斯拉斯（Halldór Kiljan Laxness），便是我们冰岛的作家咧！"

哈尔多尔·拉克斯拉斯（1902—1998）出生于冰岛首都雷克雅未克附近的乡村，是著名的小说家与剧作家。1955年凭作品《渔家女》荣获诺贝尔文学奖。获奖的理由是他的作品重现了冰岛古代史诗那种华丽辉煌的艺术特色和厚实沉着的力量，撼动人心。

人口才三十余万，但却出了震惊文坛的世界级作家，也难怪冰岛人引以为傲了！

小·启示

不管环境有多黑暗，饱读诗书的那双眸子，总能把世界照亮。

人生无处不风景。定下目标，尽力而为，享受每一个过程，水到渠成，胜券在握。

无处不风景

那天，在老挝南部的帕克斯省（Pakse Pwvince），坐在颠颠簸簸的车子里，心急如焚。

我们必须在天黑之前赶去参观那一座遐迩闻名的瓦普庙（Pakse Palace），偏偏道路年久失修，通往瓦普庙那一段长路，几乎没有一寸是完好的。车子在沙砾满布的道路上行驶，走一下，跳两下，大肠小肠全被震得难分难舍地纠缠在一块儿。原本一个小时便可抵达的路程，已过了四个多小时，目的地却还遥不可及。

窗外的光线，由极白到淡黄到米褐到大灰，终于，抵达了。

下车后，整个人，犹如一尾不小心掉入一缸浑水中的鱼，疲累、迷茫、不适。

　　瓦普庙建于公元七世纪，残旧的宫殿，有很多精雕细琢的石像和美不胜收的浮雕，风采迷人，而瓦普庙的"压轴之作"是那所集雕刻之大成的庙宇。

　　这所庙宇，坐落于半山处。

　　我站在山脚，仰头一看，心便冷了半截。

　　那么、那么的高！

　　数也数不清的阶梯，迤逦地蜿蜒而上，隐没在云深不知处。

　　我走路健步如飞，可是，一旦攀高，便气喘如牛。

　　现在，天色已暗，这所高高在上的庙宇，可望而不可即。想到这一生也许只来这么一次，不甘轻言放弃，决定量力而为——风华绝代的庙宇当然不能不看，然而，万一我因疲乏而无法上抵庙宇，至少不曾辜负沿途好风光啊！

　　慢慢地拾级而上，且走、且看。

　　这晚有月，月圆而大，月色澄亮，将方圆数里的景致照得一清二楚。万籁俱寂，芳草萋萋，风吹草动见古迹，那种既荒凉而又古雅，既入世而又出世的境界，特别触动人心。我好似走在时光隧道里，步步向前迈，却又步步往后退，那种感觉，无比奇特。

　　说来难以置信，好像才过了一盏茶工夫，那所被人赞叹为"鬼斧神工之作"的庙宇，便矗立于眼前了。

　　名不虚传，不论是外在设计、内部结构，抑或是神灵雕像、门墙镂刻，都美得无懈可击。

人生无处不风景。

定下目标，尽力而为，享受每一个过程，水到渠成，胜券在握。倘若一味"急功近利"地赶呀赶的，有时反而会带来"欲速则不达"的反效果。

小启示

重视过程，享受过程，在看尽沿途好风光之后，纵然终点目标不尽如人意，我们也不曾辜负自己。

没有经过刻苦的训练，纵有天赋的特殊潜能，也发挥不出来。

僧侣与猫

那名穿着黄色袈裟的僧侣，端端正正地坐在干干净净的地板上，手上拿着的圆形藤圈，离地足足有三尺来高。

那猫，身体挺直，头微微上仰，神气而自信地站着；圆圆大大的猫眼，琥珀色，炯炯有神地凝视着僧侣手上的藤圈。

僧侣纹丝不动，猫儿也伫立不动。

眼前情景，好似电影里一个镜头。

突然，有一个字，清晰而响亮地从僧侣的口中溜了出来：

"跳！"

那猫，在电光石火之间，纵身一跳，准确无误而又潇洒自如地从僧侣高高举着的藤圈中间跳越过去！

老虎、狮子和海豚跳越圈子的把戏，屡见不鲜。然而，猫？

我几乎怀疑我的双眼出了毛病。

在我的要求下，僧侣让他所饲养的十只猫，轮流跳藤圈。猫儿意兴勃勃，一跳再跳，居然无一失误，好似跳藤圈就是它们与生俱来的本能！

这所养着"特技"猫儿的寺庙（Nga Phe Chaung Monastery），坐落于缅甸东部一个小小的岛上。这岛，位于风光优美如仙境的茵莱湖（Inle Lake）。

在那个清风徐来的早上，坐在寺庙内，与和蔼可亲的僧侣攀谈，才知道在"猫儿跳藤圈"这个传奇性的经历里，蕴藏着一个动人的小故事。

在他来这所寺庙之前，寺庙原有的住持已经独自在这儿住了39年了。长年长日陪伴他的，就只有一只猫。住持相信，只要意志够坚强，就可以克服任何的困难。他以猫儿作为训练的对象，培养自己的意志力。训练猫儿的难度，是超乎想象的。开始时，只是把藤圈放在地上，让它跨过，然后，逐日、逐月、逐年，把藤圈一分、一分、一分地提高，提高，提高。如此持续不断地一直训练了好几年，才训练成功。说也奇怪，它所繁殖的后代，自小看它跳藤圈，没费多大工夫，竟也一只一只地学会了。于是，在这寺庙里，猫儿跳藤圈的技艺，代代相传。去年，寺庙里总共有16只猫，只只会跳。可惜的是，年尾鼠患肆虐，附近人家用药为饵，毒杀老鼠，庙里6只猫吞食了含有毒素的老鼠，毒发身亡。现在，身怀特技的猫，就只剩下寥寥10只了。

台前十秒钟，台后十年功。

没有经过刻苦的训练，纵有天赋的特殊潜能，也发挥不出来。

僧侣看着寺庙的猫儿一次又一次乐不可支地跳过藤圈，脸含微笑而意味深长地说：

"天下无难事，只怕有心人。"

小·启示

　　从僧侣训练猫儿跳越藤圈的经验，我们知道，只要立定目标，全力以赴，勇往直前，就能胜券在握。如果在开战之前，心理上先升白旗，必吃败战。